L'ombrine ocellée

Sciaenops ocellatus

Biologie, pêche, aquaculture et marché

Jean-Claude Falguière

Éditions Quæ

Collection *Savoir faire*

Méthodes de création de variétés en amélioration des plantes
André Gallais
2011, 286 p.

Histologie illustrée du poisson
Franck Genten, Eddy Terwinghe, André Danguy
2011, 505 p., édition numérique

Bio-informatique. Principes d'utilisation des outils
Denis Tagu, Jean-Loup Risler, coord.
2010, 280 p.

Nutrition minérale des ruminants
François Meschy
2010, 212 p.

La gestion du trait de côte
Ministère de l'Écologie, de l'Énergie, du Développement durable et de la Mer
2010, 304 p.

Éditions Quæ
RD 10
78 026 Versailles Cedex, France
www.quae.com

 ISBN 978-2-7592-1647-5 ISSN 1952-1251

Préface

Certes l'ombrine n'est pas une espèce autochtone des départements d'outre-mer des Antilles et de l'océan Indien. Pourtant, à partir de son introduction en Martinique en 1985 par la volonté des collectivités locales et des producteurs, son élevage s'est progressivement ancré en Guadeloupe, à la Réunion et à Mayotte.

D'abord inconnue des consommateurs, cette espèce a été intégrée dans la palette des produits de la mer grâce à l'opiniâtreté des éleveurs et avec le soutien des pouvoirs publics. Les noms commerciaux dont elle fut baptisée, « loup des Caraïbes » aux Antilles, « ombrine Mascareigne » à la Réunion, témoignent de l'appropriation de ce produit par les acteurs socio-économiques locaux.

Même si à ce jour les productions ne dépassent pas un total de 300 à 400 tonnes par an, cette filière présente un potentiel qui répond à un besoin de développement endogène de ces régions. L'appellation officielle « ombrine ocellée », obtenue en 2007 à la demande des producteurs ultramarins, confirme d'ailleurs la durabilité de cette filière d'élevage et le pari fait sur un avenir plus productif.

Les aquaculteurs ont intégré les fondamentaux de l'aquaculture marine avec cette espèce. Les connaissances et les savoir-faire développés en partenariat avec les acteurs de la recherche ont permis d'acquérir ces dernières années une expertise approfondie et reconnue sur la maîtrise de son cycle biologique en captivité. Des perspectives de domestication, voire de sélection, sont désormais envisageables.

Véritable fédérateur inter-DOM, l'élevage de cette espèce a dynamisé les liens entre les aquaculteurs des différentes îles au travers d'un réseau interactif consacré, en 2008, par la création de l'Union des aquaculteurs d'outre-mer (UAOM).

L'élevage de l'ombrine ocellée a ouvert la voie de la pisciculture marine tropicale ultramarine. Il appartient maintenant aux parties prenantes de réunir toutes les conditions qui pourraient favoriser un développement plus significatif de cette filière dans le contexte socio-économique de chacun des quatre départements ultramarins concernés.

Cet ouvrage rédigé par Jean-Claude Falguière, un des témoins, mais surtout un des acteurs privilégiés de l'histoire de la pisciculture marine dans nos départements d'outre-mer, est riche d'informations depuis les bases biologiques de l'ombrine ocellée dans le milieu naturel jusqu'à sa production commerciale aussi bien dans sa composante halieutique que récréative et aquacole avec des éléments économiques et de marché. Il présente également un panorama de l'état de l'art en termes d'aquaculture sur la base des travaux réalisés par différentes équipes dans le monde, en apportant un focus particulier sur les résultats obtenus par les équipes françaises ayant travaillé sur cette espèce, principalement dans les départements d'outre-mer.

Denis Covès

Responsable à l'Ifremer du projet Développement durable
de la pisciculture marine d'outre-mer

Sommaire

Remerciements

Cet ouvrage constitue une synthèse des connaissances accumulées sur cette espèce par différentes équipes de recherche dans le monde dont celles de l'Ifremer. Les producteurs aquacoles et les structures de développement des départements d'outre-mer, regroupés au sein de l'UAOM, ont particulièrement contribué à cette acquisition de connaissances grâce à l'apport de leur expérience. Ce résultat est aussi le fruit de leur travail. Il est difficile de citer ici toutes les personnes, cadres ou techniciens, qui ont été impliquées à différentes époques dans l'amélioration des connaissances sur l'ombrine. Qu'ils en soient ici tous remerciés.

Un remerciement particulier va au comité de relecture qui, par ses conseils et ses corrections, a contribué à rendre ce document meilleur : Gilles Breuil (Ifremer Palavas) et Jean-Christophe Raymond (CNPMEM, Service vétérinaire d'urgence) pour la partie sanitaire, Françoise Régina (PARM) et Camille Knockaert (Ifremer Nantes) pour les aspects qualité de chair, Chantal Cahu (Ifremer Brest) pour les aspects nutritionnels, Béatrice Chatain (Ifremer Palavas) pour la partie génétique, Catherine Mariojouls (AgroParisTech) et Sophie Girard (Ifremer Brest) pour la partie marché et technico-économie, Christian Fauvel (Ifremer Palavas) pour la partie reproduction. Remerciement également à Denis Covès, Éric Gasset (Ifremer Palavas), Bruno Petton (Ifremer Brest) et Gilbert Dutto (Ifremer Martinique) pour la relecture de l'ensemble du document.

Enfin, je tiens à remercier Nelly Courtay pour sa contribution efficace à l'édition de cet ouvrage.

Introduction

Selon les dernières statistiques publiées par la FAO (Food and Agriculture Organization), la production des pêches de capture et de l'aquaculture s'élevait en 2008 à environ 159 millions de tonnes. Sur cette production, 115 millions de tonnes sont destinées à la consommation humaine parmi lesquelles 68 millions de tonnes proviennent de l'aquaculture (dont 15 sont des végétaux), ce qui correspond à une augmentation moyenne de 8,3 % par an depuis 1970. L'aquaculture est ainsi la filière d'élevage la plus dynamique avec une croissance trois fois plus rapide que la production mondiale de viande par exemple sur la même période. La production aquacole est ainsi passée de moins d'un million de tonnes dans les années 50 à près de 70 millions de tonnes à ce jour.

Aujourd'hui, sur les 53 millions de tonnes de produits aquacoles d'origine animale, 64 % sont des poissons. Ainsi, un poisson sur deux consommé sur la planète est d'origine aquacole.

Parallèlement, les pêches de capture s'établissent entre 90 et 95 millions de tonnes depuis le milieu des années 90. Toujours d'après la FAO, la proportion de stocks de pêche surexploités, épuisés ou en phase de reconstitution s'est dégradée, passant de 10 % en 1974 à 32 % en 2008. Depuis les années 90, on peut donc dire que la totalité de l'augmentation de la consommation humaine de produit d'origine aquatique provient de l'aquaculture. Avec l'évolution de la démographie mondiale, ces chiffres traduisent un accroissement de la consommation en produits aquacoles qui est passée de 0,7 kg à 7,8 kg/hab/an entre 1970 et 2008, soit un taux de croissance de 6,6 % par an.

Cette tendance devrait se poursuivre puisque la consommation en produits aquatiques, qui s'élève aujourd'hui à 17 kg/hab/an, pourrait s'établir à 20 kg/hab/an en 2030. Comme dans le même temps la population mondiale devrait passer à 8 milliards d'individus, cela correspond à doubler la production aquacole mondiale d'ici 2030.

Dans ce contexte mondial, les régions tropicales présentent une consommation traditionnellement orientée vers les productions aquatiques, notamment dans leurs composantes insulaires et la stagnation de la production halieutique y est également observée. La pisciculture continentale a été la première à être développée et représente 85 % de la production mondiale avec des espèces phares comme les carpes (20 Mt), les tilapias (2,8 Mt) ou les siluriformes comme le pangasius (2,6 Mt), majoritairement élevés en zones tempérées chaudes ou tropicales. Plus édifiant, quatre des cinq principaux pays producteurs mondiaux (Inde, Indonésie, Vietnam, Philippines) se trouvent dans la zone intertropicale, exception faite de la Chine qui présente une grande diversité de climats.

Pourtant, mis à part les crevettes, l'aquaculture tropicale concerne encore majoritairement des espèces continentales, et ce n'est que très récemment qu'émerge une pisciculture marine qui possède *a priori* des atouts pour les régions insulaires tropicales. Les experts s'accordent à dire qu'il existe un important potentiel de développement en matière de pisciculture marine tropicale. Cependant, aucune espèce de poisson marin tropical ne domine véritablement à l'heure actuelle. L'essentiel de ce marché est approvisionné à partir d'espèces euryhalines[1] élevées en eau douce, voire en eau saumâtre (tilapia, pangasius par exemple). La conjugaison de ces éléments, évolution de la consommation de poisson, potentiel de production en mer dans les régions tropicales, laisse à penser que la pisciculture marine tropicale constituera un axe stratégique de développement de la filière aquacole dans les prochaines décennies.

Dans les départements d'outre-mer français tropicaux, on rencontre généralement tout ou partie de ces éléments : disponibilité en sites marins pour l'aquaculture, conditions thermiques favorables, espèces à croissance rapide, forte consommation en produits de la mer, ressources halieutiques en difficulté, volonté politique pour favoriser le développement économique local.

Ces régions se sont intéressées naturellement à l'aquaculture marine en raison de la nature de leurs marchés et des sites potentiels. Parmi les espèces dignes d'intérêt figure l'ombrine ocellée (*Sciaenops ocellatus*) qui fait l'objet d'un développement dans quatre de ces régions (Martinique, Guadeloupe, Réunion et Mayotte), avec une production globale de 300 à 400 tonnes par an. Cette espèce a été introduite d'abord en Martinique, au milieu des années 80, en provenance de son aire de répartition naturelle (golfe du Mexique et côte est des États-Unis). Elle a été transférée ensuite dans les autres départements d'outre-mer. Son élevage est maintenant bien maîtrisé et le produit commence à être reconnu sur les marchés locaux.

1 Terme défini dans le glossaire placé en fin d'ouvrage (p. 142-143).

1

Bases biologiques

Présentation de l'espèce

L'ombrine ocellée *Sciaenops ocellatus* est un poisson de la classe des Osteichtyens, de l'ordre des Perciformes et de la famille des Sciaenidae. C'est une espèce euryhaline présente tout le long de la côte est des États-Unis dans l'océan Atlantique et dans le golfe de Mexique jusqu'aux côtes du Mexique. Elle se répartit ainsi sur une grande plage de latitude allant du 40e parallèle au large du New Jersey au nord, jusqu'au tropique du Cancer, au sud.

Ses noms officiels selon la FAO (2009-2011) sont Red Drum en anglais, Corvinon ocelado en espagnol et Tambour rouge en français. Toutefois, depuis juillet 2007, suite à une demande des producteurs aquacoles des départements d'outre-mer, la DGCCRF (Direction générale de la concurrence, de la consommation et de la répression des fraudes) a autorisé l'appellation « ombrine ocellée », comme nom commercial sur le marché français.

Les autres noms vernaculaires utilisés sont ombrine subtropicale (France), Red Fish ou Channel Bass (États-Unis et Royaume-Uni), Spotted Bass (Royaume-Uni), Corvinao de pintas (Portugal), Corvina roja (Panama). Des appellations commerciales locales non officielles sont utilisées aux Antilles « loup des Caraïbes » et à la Réunion « ombrine Mascareigne ».

La famille des sciaenidés est couramment appelée en anglais « Drum », littéralement tambour, car la majorité de ses membres, y compris l'ombrine mais aussi le maigre européen (*Argyrosomus regius*) par exemple, peut produire un son très audible par vibration de leur vessie natatoire. Ce son bref et grave se rapproche du battement d'une grosse caisse.

Photo 1. Géniteur d'ombrine ocellée, *Sciaenops ocellatus*, d'environ 5 kg (© Ifremer Martinique).

Le corps, recouvert de grosses écailles de type cténoïde, est allongé et légèrement comprimé latéralement (*photo 1*). Le dos est arrondi et le profil ventral presque droit, la ligne latérale est très visible. L'ombrine possède deux nageoires dorsales, la première avec dix épines dures et la seconde avec une épine dure et 24 rayons mous. La nageoire caudale est légèrement concave. La tête est arrondie et large et le museau conique. La bouche, horizontale, est en position inférieure. Les dents sont implantées en bandes sur les deux mâchoires. Sa couleur en élevage est généralement gris argenté avec parfois des teintes brunes orangées ; des nuances bleues sur la queue peuvent apparaître. Dans le milieu naturel, elle est généralement décrite de couleur bronze, cuivre, jaune, ce qui explique son appellation américaine de Red Drum ou Red Fish.

L'espèce est caractérisée par une ou plusieurs taches noires (ocelles) au niveau du pédoncule caudal, voire plus antérieurement sur le flanc, qui sont à l'origine de son nom d'espèce *ocellatus*. Cet ocelle constitue un leurre pour ses prédateurs qui peuvent le confondre avec la position de l'œil, induisant une erreur sur la direction de fuite du poisson. Pendant la ponte, les mâles produisent un son de tambour caractéristique en frottant des muscles spécialisés contre la vessie.

L'ombrine peut atteindre de grandes tailles. Selon la base de données *Fishbase*, le record enregistré est un mâle de 7 ans mesurant 155 centimètres et pesant 45 kilogrammes ; le spécimen le plus âgé rencontré avait 50 ans.

Cycle de vie dans le milieu naturel

Les adultes matures vivent en banc dans les eaux littorales, dans une zone allant jusqu'à quelques dizaines de kilomètres de la côte (Yokel, 1966 ; Overstreet, 1983) et à des profondeurs variant de un mètre à plus de 30 mètres. La reproduction de l'ombrine dans le milieu naturel intervient entre août et octobre depuis la Caroline du Nord jusqu'au golfe du Mexique. Elle a lieu à proximité des zones estuariennes ou des passes, vers les lagunes très fréquentes, notamment le long des côtes texanes (*figure 1*).

Les œufs, d'un diamètre de 1 mm, flottent et les larves pélagiques se laissent porter par les courants pour entrer dans ces nurseries (Matlock, 1987) où ils vont trouver là un milieu favorable pour éclore. Les larves effectuent leur développement dans ces zones. Elles y resteront jusqu'à l'âge de 3-4 ans (Yokel, 1966).

Les individus de longueur standard inférieure à 27 mm se rencontrent préférentiellement dans des habitats constitués de prairies d'algues mais ceci est dû plus à la protection offerte contre les prédateurs qu'à la source de nourriture qu'elles pourraient procurer. Dans leur aire naturelle de répartition, les individus de petite taille (7 à 42 mm de longueur totale) sont souvent collectés dans les eaux côtières, les estuaires et les passes où ils évoluent dans des eaux calmes et peu profondes, à des salinités très variables (Mercer, 1984).

Au fur et à mesure de leur croissance (jusqu'à 25 cm de longueur standard), les individus changent progressivement d'habitat. Ils vont se retrouver dans des zones plus exposées, avec un courant plus fort et présentant une salinité modérée, le fond étant toujours à dominante sablo-vaseuse. Durant cette période, ces sub-adultes ne présentent pas de comportement migratoire et restent dans des zones peu profondes de leur nurserie d'origine, voire dans les lagunes communicantes (Matlock, 1987). Des sub-adultes ont été observés occasionnellement dans des zones plus profondes lorsque les températures hivernales sont particulièrement rigoureuses ou dans des zones de ressac extérieures.

À la maturité sexuelle, les adultes quittent ces lagunes côtières pour aller coloniser des eaux plus au large. Ils semblent rester relativement inféodés à leur zone géographique d'origine et les contacts reproducteurs entre populations sont d'autant plus rares que ces populations sont éloignées.

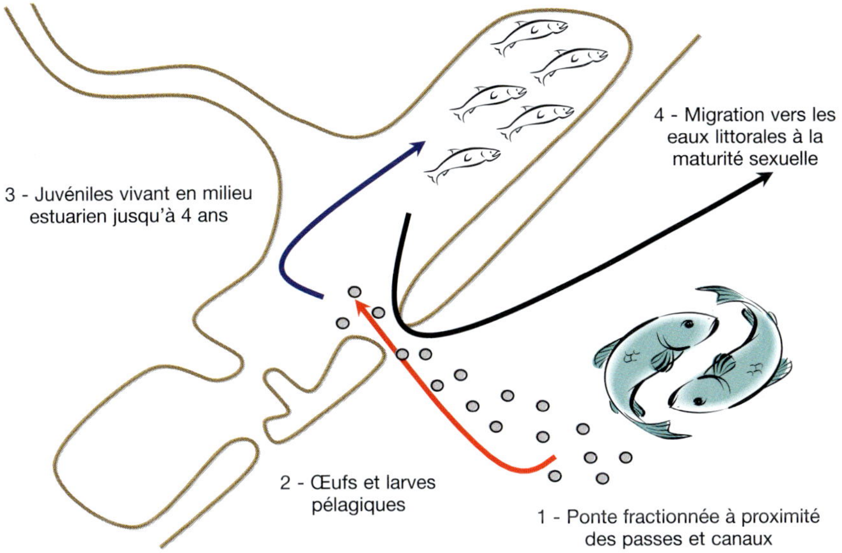

Figure 1. Cycle biologique de l'ombrine dans le milieu naturel.

Préférences environnementales

L'ombrine est une espèce pouvant supporter de fortes variations de salinité (0 à 40 ‰) selon sa taille et la durée d'exposition. Ainsi, les adultes sont recensés dans des salinités allant de 20 à 40 ‰, mais les œufs et les jeunes larves nécessitent une salinité d'au moins 25 ‰ pour des questions de flottabilité (Holt *et al.*, 1981). À une taille de 1 à 10 cm, les juvéniles rencontrent dans leur habitat naturel des conditions de salinité allant de 0 à 35 ‰. Thomas et Wolters (1992) précisent que la survie de juvéniles (6-8 g) en bassin d'eau douce est cinq fois plus élevée à 400 mg/l qu'à 250 mg/l de Cl^- et à 150 mg/l, elle est nulle. La survie est également trois fois plus élevée lorsque les ions Cl^- proviennent du NaCl que du CaCl. Enfin, ils mentionnent qu'une survie de 90 % peut être obtenue en eau douce lorsque la qualité de l'eau est adéquate. D'après Neill (1987), les juvéniles sont capables de vivre en eau douce dès lors que la dureté est supérieure à 100 mg/l de Ca^{++} et le taux de chlore supérieur à 150 mg/l de Cl^-. La salinité optimale pour les jeunes larves est de 30 ‰ pour une température de 25 °C. Mais pour des larves de deux semaines, la salinité n'a plus autant d'importance, les taux de survie n'étant pas significativement différents entre 15, 20, 25 et 30 ‰. Expérimentalement, Crocker *et al.* (1981) ont soumis des larves et des juvéniles d'ombrine à une immersion dans de l'eau douce à 0 ‰ pendant 96 heures et ils ont obtenu une survie de 5 % chez des larves âgées de 23 jours, de 70 % chez des juvéniles de 34 et 47 jours et de 95 % chez des juvéniles de 57 jours.

Sciaenops ocellatus a été observée dans des eaux dont les températures variaient entre 2 °C et 33 °C (Mercer, 1984), mais un séjour prolongé en dessous de 8 °C à 10 °C est létal d'après Neill (1987). Dans des challenges de résistance à la température, Ma *et al.* (2007) observent les premières mortalités de jeunes adultes de 70 g quand la température descend en dessous de 5 °C ; à 3 °C, 50 % des juvéniles sont morts au bout de 24 heures. Des expériences menées sur des tailles inférieures (Craig *et al.*, 1995) ont montré que les juvéniles sont plus sensibles à ces basses températures. Sur des œufs et des larves de 24 heures, Holt *et al.* (1981) ont montré que les températures optimales se situaient entre 20 °C et 25 °C. En ce qui concerne les larves de deux semaines, des températures supérieures à 25 °C sont préférables, la survie et la croissance étant significativement différentes entre 20 °C et 25 °C. Dans des conditions d'élevage tropicales en Martinique, on observe que les adultes élevés en cage semblent plus fragiles et plus sensibles à des bactérioses opportunistes lorsque la température se situe au-delà de 30-31 °C, même si Neill mentionne que des ombrines ont été observées dans des estuaires où la température s'élevait à 33 °C. Finalement, on peut considérer que la gamme optimale de température d'élevage de cette espèce se situe entre 26 °C et 29 °C.

L'ombrine est une espèce résistant assez bien à des taux d'oxygène dissous relativement faibles. En élevage, Neill (1987) suggère de maintenir les juvéniles à un taux supérieur à 3 mg/l (pour une eau à une salinité de 6 ‰ et à 24 °C). Pourtant, il a été montré qu'à 26,7 °C, on obtenait de meilleures performances de croissance et de survie à des taux supérieurs à 5,2 mg/l, par rapport à 2,8 mg/l (Stahl *et al.*, 1997). En 1994, chez des ombrines de 30 à 200 grammes, Neill propose une relation entre le taux d'oxygène dissous dans l'eau et le taux d'alimentation, appréhendé par le biais du pourcentage de la ration journalière maximale réalisée :

$$Eff^{té} = 0,17 + 0,14 \times O_2$$

où O_2 est le taux d'oxygène dissous dans la gamme allant de 2 à 5,5 mg/l.

Il apparaît ainsi, d'après ce modèle, qu'à 3 mg/l par exemple, l'ombrine ne consomme que 59 % de la ration alimentaire qu'elle pourrait ingérer. Dans cette même référence et pour les mêmes calibres de poisson, il évalue la consommation d'oxygène pour satisfaire les besoins métaboliques entre 0,54 et 0,69 mg O_2/g/h.

De leur côté, Torres *et al.* (1996) ont montré que la larve de 2 et 8 jours consommait 4,18 µl O_2 par microgramme de poids sec et par heure lorsqu'elle était nourrie à satiété mais que sa consommation était divisée par 2 en cas de jeûne, correspondant à ses besoins métaboliques de base.

Reproduction dans le milieu naturel

Les études sur la taille et l'âge de première maturité dans le milieu naturel sont nombreuses et issues principalement de travaux américains (Simmons et Breuer, 1962 ; Overstreet, 1983 ; Beckman *et al.*, 1988 ; Murphy et Taylor, 1990 ; Ross *et al.*, 1995). Ils donnent des résultats assez variables selon la zone concernée. Les mâles apparaissent pubères avant les femelles à un âge compris entre 1,5 et 3 ans pour une taille minimale variant de 475 à 530 mm (2 à 3 kg), tandis que les femelles deviennent matures entre 3 et 6 ans à une taille variant de 575 à 760 mm pour un poids moyen compris entre 4 et 9 kg.

Les pontes sont de type fractionné, c'est-à-dire qu'une femelle relâche ses ovules (gamètes femelles émis par l'ovaire) en plusieurs émissions séparées de quelques jours à quelques semaines. La fécondation est externe ; elle intervient la nuit en pleine eau, un ou plusieurs mâles fécondant les ovules expulsés par la femelle. Comme pour d'autres espèces de sciaenidés, l'ombrine émet au moment de la reproduction des sons proches de celui du battement de tambour, à l'aide de sa vessie natatoire. Ce phénomène pourrait jouer un rôle dans le comportement reproducteur des poissons de cette famille (Lagardère et Mariani, 2006). Les pontes interviennent très souvent, notamment au Texas, à proximité des zones estuariennes ou des passes conduisant à des milieux lagunaires.

Les adultes pondent entre août et octobre dans les eaux côtières près des passes, sous l'influence des marées. En conditions d'élevage, les premières pontes de la saison naturelle sont observées selon un gradient nord-sud, les pontes étant d'autant plus tardives que l'on descend en latitude : fin juillet-début août en Caroline du Nord (Ross *et al.*, 1995), fin août-début septembre dans les États du nord du golfe du Mexique (Overstreet, 1983), mi-septembre en Floride (Murphy et Taylor, 1990), fin septembre au Texas (Pearson, 1929) et, finalement, novembre en Martinique (Parfouru et Fauvel, 1997). La maturation des reproducteurs est donc clairement reliée aux conditions environnementales du milieu, principalement à la photopériode et à la température.

La fécondité a été estimée dans le milieu naturel par des méthodes peu fiables qui donnent des chiffrent variant de 200 000 à 1 600 000 œufs/kg de femelles pour une saison de ponte (Pearson, 1929, Overstreet, 1983).

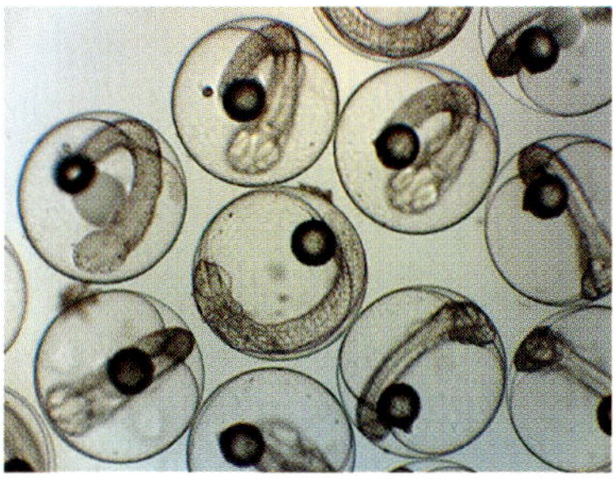

Photo 2. Œuf fécondé d'ombrine, environ 12 heures après la fécondation (© Aquamay, Delphine Lethimonnier).

L'œuf fécondé (*photo 2*), d'un diamètre de 0,9 à 1 mm flotte tandis que les œufs non fécondés ou non viables coulent dans l'eau de mer à 38 ppm (partie par million). Selon les auteurs, on considère que un millilitre de ponte renferme entre 998 (Henderson-Arzapalo, 1987) et 1 100 œufs (Goyard *et al.*, 1993a). Le développement embryonnaire a été décrit au laboratoire et l'éclosion intervient 19 à 20 heures après la fécondation à 24 °C (Arnold *et al.*, 1979) et 28 à 29 heures après la fécondation à 22 °C ou 23 °C (Holt *et al.*, 1981). Cette dernière référence mentionne qu'à l'éclosion, la larve mesure entre 1,71 et 1,79 mm et que les réserves vitellines sont résorbées au bout de 40 heures à 30 °C et 85 heures à 20 °C.

Alimentation et croissance dans le milieu naturel

L'ombrine est un poisson carnivore et ses habitudes alimentaires dans le milieu naturel sont fonction de sa taille et du type de proies disponibles. Après résorption de leur vésicule vitelline, les larves se nourrissent de zooplancton, notamment de copépodes, jusqu'à une taille de 30 mm environ. Les juvéniles, entre 15 mm et 115 mm, consomment essentiellement des petits crustacés, comme des amphipodes ou des mysidacés et des petits poissons (Wenner, 1992). Au-delà de cette taille, il a été montré que l'ombrine se nourrissait à 75 % de poissons de type mulet ou gobie, à 22 % de crustacés (crabes et crevettes pénéides), à 3 % de vers polychètes et d'échinodermes (Robinson, 1988). Avec l'âge, les adultes consomment de plus en plus de poisson au détriment des invertébrés mais tout au long de leur développement, des changements opportunistes de leur alimentation interviennent en relation avec la disponibilité des proies.

Dans le milieu naturel, l'ombrine se nourrit préférentiellement sur des fonds sableux ou vaseux, souvent dans des zones peu profondes, tôt le matin ou en soirée. Ce comportement est à l'origine du phénomène de *tailing,* bien connu des pêcheurs récréatifs, où les nageoires caudale et dorsale des jeunes adultes sont observées hors de l'eau lorsqu'ils fouillent le sédiment dans des fonds peu profonds, ce qui les rend facilement repérables.

La croissance dans le milieu naturel est principalement dépendante de la température et de la disponibilité en proies. Des modèles généraux indiquent une croissance de 0,2 à 0,5 mm/jour chez les larves, de 0,7 à 1,7 mm/jour chez les juvéniles et de 0,5 mm/jour chez les adultes. Wenner (1992) mentionne des données de croissance relevées sur des jeunes adultes pêchés dans les estuaires de Caroline du Sud et âgés par otholimétrie (*tableau 1*).

Un modèle de croissance est donné dans *Fishbase*:

$L_t = L_\infty \ (1 - e^{-k(t-t0)})$

où L_∞ = 95,0 cm (longueur totale), k = 0,4 et t_0 = -0,3 an.

Différentes relations taille – poids établies sur des individus du milieu naturel ont été publiées dans des références anciennes qui donnent des résultats assez variables à partir d'échantillons de quelques dizaines à quelques centaines d'individus. Par exemple, en Louisiane, Boothby et Avault (1971) proposent $P = 0{,}012 \times L^{2{,}83}$ où L est la longueur standard en centimètre et P le poids en gramme.

Tableau 1. Croissance de l'ombrine observée dans le milieu naturel en Caroline du Sud (d'après Wenner, 1992).

Âge (mois)	**Longueur** (cm)	**Poids** (g)
1	1,5	0,3
13	42	796
25	71	1555
37	89	3026
49	102	4726

Bases génétiques de l'espèce

Les analyses de caryotype (ensemble des chromosomes d'une cellule) montrent que le génome de l'ombrine est composé de 2n = 48 chromosomes acrocentriques et sa taille est estimée à 1,65 picogramme d'ADN par noyau diploïde (Gold *et al.*, 1988).

Les travaux américains de génétique des populations sur les stocks sauvages d'ombrine ont porté sur la mise au point et l'utilisation de marqueurs enzymatiques (Bohlmeyer et Gold, 1991), protéiques (Gold *et al.* 1994), mitochondriaux (Gold *et al.*, 1999) et microsatellites (Turner *et al.*, 1998, Gold et Turner, 2002). Dans le monde du vivant, les microsatellites sont très utilisés et appartiennent à la famille des marqueurs moléculaires de l'ADN. Il s'agit d'emplacement sur les gènes (locus) qui ne sont pas codants, c'est-à-dire qui n'interviennent pas dans la physiologie, et se transmettent de manière neutre de génération en génération. Pour chaque locus, un certain nombre de versions différentes (allèles) existent au sein de l'espèce. Ces marqueurs moléculaires peuvent donc être utilisés comme des indicateurs de variabilité génétique et permettent d'évaluer les différences entre familles, populations et même entre individus. Le nombre de marqueurs microsatellites s'élève actuellement à 296 (O'Malley *et al.*, 2003; Saillant *et al.*, 2004; Karlsson *et al.*, 2008). Le nombre moyen d'allèles par marqueur est de 17,7 (2 à 30) et la diversité génétique moyenne est de l'ordre de 79,6 %.

Grâce à cet outil, une différenciation génétique entre des échantillons prélevés dans diverses localités a été mise en évidence sur la base d'études réalisées d'abord sur les marqueurs enzymatiques (Gold *et al.*, 1994), puis sur l'ADN mitochondrial (Gold *et al.*, 1999) et nucléaire (Gold et Turner, 2002). Malgré la faiblesse de la différentiation génétique observée entre les populations de l'Atlantique Ouest et celles du golfe du Mexique, l'ensemble de ces travaux conclut à l'existence de deux populations distinctes (*figure 2*). Le déterminisme de cette différentiation génétique n'est pas clairement expliqué. L'hypothèse la plus probable serait l'absence de frayères favorables à l'ombrine dans la partie Sud Atlantique de la Floride, ce qui limiterait les échanges reproductifs entre ces deux zones.

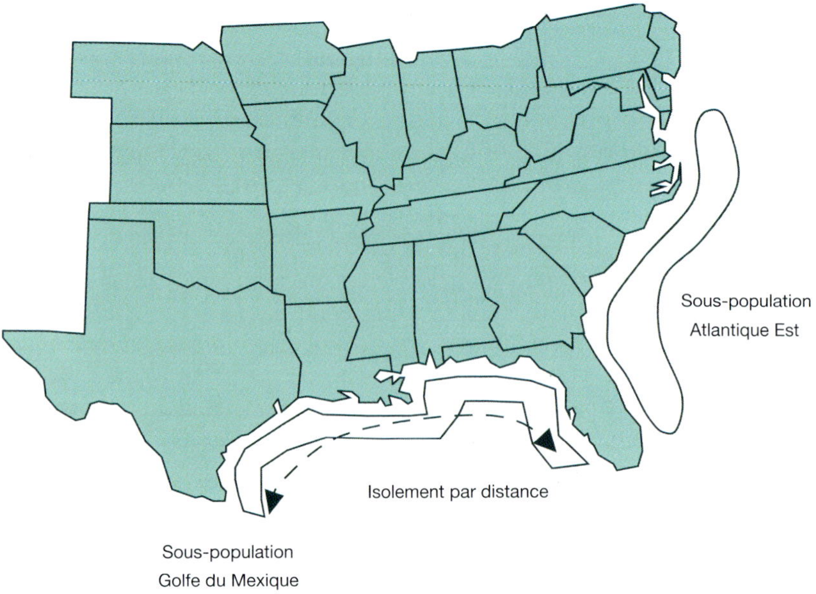

Figure 2. Aire de répartition de l'ombrine et caractéristiques génétiques des populations.

À l'intérieur de chaque région géographique, ces travaux mettent en évidence une différentiation spatiale progressive linéaire et posent l'hypothèse que cet effet « isolation par la distance » est issu d'un phénomène d'inféodation de l'ombrine à sa baie ou son estuaire d'origine. Chaque population pourrait ainsi être considérée comme étant divisée en plusieurs sous-populations se recouvrant partiellement de proche en proche. Cette hypothèse est appuyée par des résultats sur des travaux de marquage (Osborn *et al.*, 1982) mais va à l'encontre d'autres informations publiées sur la biologie de l'espèce selon laquelle la dispersion des individus serait assez large à certains moments de sa vie (Overstreet, 1983). D'autres hypothèses ont été avancées selon lesquelles, les adultes les plus mobiles sur de grandes distances seraient les plus grosses femelles dont les performances reproductrices sont altérées par l'âge.

Finalement, dans les études sur le polymorphisme génétique d'échantillons d'ombrine provenant de diverses localités, les équipes américaines montrent que la distance génétique entre échantillons devient significative à partir d'une distance géographique de 500 à 600 kilomètres (Gold *et al.*, 1999) et de 700 à 900 kilomètres (Gold et Turner, 2002), respectivement avec les deux types de marqueurs, enzymatiques et microsatellites.

Notons que onze de ces marqueurs ont été testés chez d'autres sciaenidés américains, tels que la Spotted Sea Trout (*Cynoscion nebulosus)*, le Black Sea Bream (*Pogonias cromis)* ou l'Atlantic Croaker (*Micropogonias undulatus)* (Turner *et al.*, 1998). Une variabilité génétique a été observée respectivement de 3 allèles par marqueur chez *Cynoscion*, 3,9 chez *Pogonias* et 6,3 chez *Micropogonias* contre 5,8 pour l'ombrine.

Récemment, certains des marqueurs publiés chez l'ombrine ont pu être testés avec succès chez le maigre européen *Argyrosomus regius* (Haffray, comm. pers.).

D'autres espèces de sciaenidés ont fait l'objet d'avancées notoires en matière de génétique. Elles seraient susceptibles de donner des indications intéressantes sur l'ombrine. C'est le cas du large Yellow Croaker (*Pseudosciena crocea)*, une espèce élevée à grande échelle en Chine, qui serait homogamétique, femelle de type XX/XY. Cette espèce a fait l'objet de travaux en cytogénétique avec la production d'individus gynogénétiques et de triploïdes (Xu *et al.*, 2007). Des marqueurs microsatellites ont été développés (An *et al.*, 2005 ; Guo *et al.*, 2005) et une première carte génétique de l'espèce a été publiée (Ning *et al.*, 2007). À un degré moindre, un autre sciaenidé a fait l'objet de travaux en matière de génétique ; il s'agit de l'ombrine méditerranéenne ou corb (*Umbrina cirrosa)*. Là aussi, des triploïdes ont été produits et caractérisés aux plans croissance, rendement de transformation et paramètres sanguins (Ballarin *et al.*, 2004). Dans ces deux cas au moins, les travaux réalisés en cytogénétique suggèrent une relative maîtrise de la reproduction artificielle.

2
Pêche, aquaculture et marché

Historique des pêches commerciales

Les captures d'ombrine sont réalisées dans sa zone de répartition naturelle, c'est-à-dire sur les côtes américaines du golfe du Mexique et des États de l'est des États-Unis. Les données présentées ici concernant les pêches récréatives et les débarquements commerciaux sont issues principalement du site du National Marine Fisheries Service de la NOAA, Fisheries Statistics Division[1] qui est l'organisme responsable de la gestion, la conservation et la protection des ressources vivantes marines de la zone économique exclusive (ZEE) des États-Unis. Il peut être consulté gratuitement pour de plus amples informations.

L'ombrine a fait l'objet d'une pêche industrielle qui remonte à la fin du XVIIIe siècle dans le golfe du Mexique avec une production globale de 750 tonnes par an au début des statistiques de pêche en 1888. Dans les années 1920, cette production s'élevait à près de 2 000 tonnes dont 85 % provenaient des côtes du golfe du Mexique.

Le niveau de production, relativement stable autour de 1 000 tonnes par an entre 1950 et 1970, a commencé à croître pour se stabiliser entre 2 000 et 2 500 tonnes durant toute la décennie 70 (*figure 3*). Cette pêche était pratiquée à l'aide de sennes, de lignes, de chaluts à crevettes, voire de filets maillants. Durant cette période de 1950 au début des années 80, les captures étaient réalisées en moyenne à 80 % dans le golfe du Mexique (58 % à 95 % selon les années) et la production dans cette région était dominée de manière à peu près équivalente par trois États, le Texas, la Louisiane et la côte ouest de la Floride, avec 30 % des captures en moyenne pour chacun d'eux.

À cette époque, les premiers signes de surexploitation ont conduit le Texas à adopter des mesures de gestion de la ressource basées sur la réduction, puis l'arrêt en 1981, des captures commerciales, une reconversion des pêcheurs professionnels vers la pêche récréative. Ces mesures ont été associées à des programmes de repeuplement à partir de juvéniles produits en écloserie. Elles ont démarré au début des années 80 à l'initiative du Texas Parks & Wildlife Department (TPWD). Durant cette période, c'est dans cet objectif qu'un effort important a été réalisé par les équipes américaines de recherche pour mettre au point les premiers éléments zootechniques nécessaires au contrôle de la reproduction et de l'élevage larvaire de cette espèce.

---

1 (http://www.st.nmfs.noaa.gov/st1/index.html)

Au niveau national, il s'en est suivi une baisse des captures commerciales au début des années 80 et une remontée record à 6 567 tonnes en 1986, provenant à plus de 90 % des pêcheries de Louisiane et d'Alabama. La production a ensuite chuté inexorablement avec les mesures restrictives prises successivement par la plupart des États du Sud après l'exemple du Texas. La Floride interdit à son tour la pêche commerciale de l'ombrine en 1989.

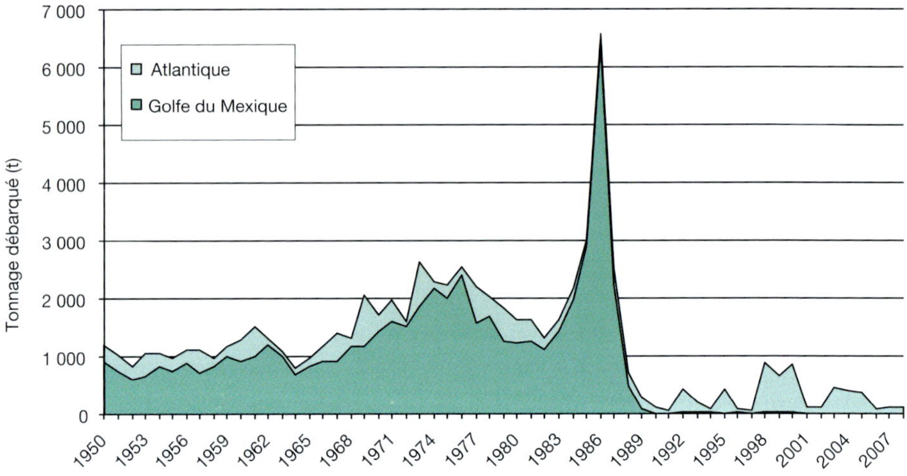

Figure 3. Évolution des captures commerciales d'ombrine de 1950 à nos jours (d'après des données du National Marine Fisheries Service, NOAA).

Des difficultés subsistent dans la mise en adéquation entre les réglementations fédérales et celles des États. Des organismes inter-États sont créés avec la vocation de coordonner la gestion des ressources côtières comme l'Atlantic States Marine Fisheries Commission (ASMFC) ou le South Atlantic Fisheries Management Council (SAFMC). Un premier plan de gestion (Fisheries Management Plan) voit ainsi le jour en 1984 et, en 1988, l'Interstate Fisheries Management Program (ISFMP) demande l'extension de la réglementation à l'ensemble des États du Maine à la Floride. Les mesures, qui s'appliquent également à la pêche récréative, portent généralement sur la fixation de quotas, la diminution de l'effort de pêche, des fermetures locales temporaires, des tailles minimales et/ou maximales de capture mais ne sont pas homogènes d'un État à l'autre (*tableau 2*). Différents plans et aménagements sont successivement adoptés tant au niveau des États que du gouvernement fédéral. En octobre 2007, le président G.W. Bush promulgue même un ordre exécutif interdisant la vente d'ombrines pêchées dans les eaux fédérales. À l'heure actuelle, seuls les États de Caroline du Nord et du Mississippi présentent encore une production commerciale limitée à une centaine de tonnes au total.

Tableau 2. Principales mesures appliquées aux pêcheries d'ombrine dans les États américains en 2003.

État	Taille limite (LT, pouces)	Panier (ind./personne)	Remarques
Texas	20 – 28	3	1 ind. >28" ; VI
Louisiane	16 – 27	5	1 ind. >27" ; VI
Mississippi	18 – 30	3	1 ind. >30" ; VP
Alabama	16 – 26	3	1 ind. >26" ; VI
Floride	18 – 27	1	VI
Géorgie	14 – 23	5	VI
Caroline du Sud	15 – 24	2	VI
Caroline du Nord	18 – 27	1	VP
Virginie	18 – 26	3	
Maryland	18 – 27	1	
Delaware	20 – 27	5	
New Jersey	18 – 27	1	
New Hampshire	17 – 27	5	
New York	< 27	Pas de limite	
Connecticut	< 27	Pas de limite	
Massachusetts	< 14	Pas de limite	
Pennsylvanie, Maine, Rhode Island	Non	Pas de limite	

VP : vente possible ; VI : vente interdite.

Pêche récréative aux États-Unis

L'ombrine est une espèce très prisée en pêche récréative en raison de son comportement combatif lors de sa capture et de la taille importante des prises. La pêche récréative est bien présente dans tous les États qui pratiquent la pêche commerciale. Le golfe du Mexique représente sur les trente dernières années 83,8 % en moyenne des captures (90 % sur la dernière décennie). Les statistiques officielles relèvent même des captures à Porto Rico en 2000 (1 019 individus), alors qu'officiellement la zone de répartition naturelle de l'espèce ne s'étend pas jusque-là.

En Caroline du Sud, d'après le Marine Resources Research Institute, cette pêche est pratiquée à partir de la rive ou à bord de bateaux privés, le plus souvent dans des baies à fonds vaseux, sous influence de la marée, ou autour de cultures d'huîtres, exceptionnellement dans les ressacs. Les pêcheurs à la ligne ciblent dans 85 % des cas l'ombrine et sont membres d'associations de pêche dans 40 % des cas. Elle est pêchée exclusivement à la ligne, en utilisant dans 70 % des cas des appâts vivants ou frais. Le *catch and release* qui consiste à relâcher les prises vivantes est pratiqué, au moins occasionnellement, par 90 % des pêcheurs récréatifs. Les statistiques de captures tiennent d'ailleurs compte non seulement des poissons débarqués mais aussi de ceux relâchés.

Cette activité donne lieu depuis 1981 à des captures supérieures aux débarquements commerciaux (*figure 4*). Depuis 1990, elle constitue plus de 90 % des captures d'ombrine sur le territoire américain et même 96,8 % en moyenne sur la dernière décennie, pour un volume compris entre 6000 et 7000 tonnes par an. Depuis 1985, cette espèce est officiellement identifiée comme *game fish,* c'est-à-dire poisson de pêche récréative, comme par exemple en Caroline où elle tient une place importante dans la culture locale. On estimait au début des années 90 que la pêche récréative concernait 1,6 million de pêcheurs et générait un chiffre d'affaires de 2,3 milliards de dollars par an, rien qu'au Texas. Elle est en constant développement comme en témoigne le nombre croissant des sorties bateaux réalisées en Floride, passé de moins d'un million par an sur l'ensemble des deux côtes en 1990 à plus de 4 millions ces dernières années.

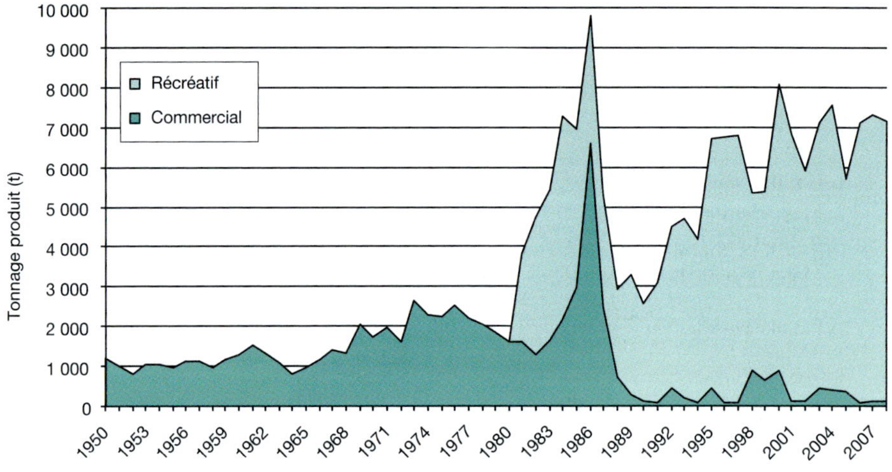

Figure 4. Évolution des captures commerciales et récréatives d'ombrine de 1950 à nos jours (d'après des données du National Marine Fisheries Service, NOAA).

On comprend mieux la volonté affichée par les autorités de mettre en place un plan de gestion de la ressource à partir des années 80 et les différentes réglementations mises en place qui ont varié au cours du temps et d'un État à l'autre, comme on l'a vu précédemment.

À côté de ces mesures de gestion de la ressource figurent également des opérations de repeuplement du milieu naturel par le biais de lâchers de juvéniles d'écloserie, produits à partir de géniteurs sauvages prélevés dans le milieu naturel. Ainsi, le Texas procédait aux lâchers dans ses eaux de 15 à 20 millions de juvéniles d'écloserie par an dans les années 90. La production serait actuellement de l'ordre de 30 millions d'alevins (Saillant *et al.*, 2009). La Floride est passée de 3 à 4 millions d'alevins par an dans les années 90 à 6 à 7 millions au milieu des années 2000. Ces ambitieux programmes de repeuplement ont nécessité notamment de mener les travaux scientifiques de base nécessaires à la maîtrise du cycle biologique de l'espèce (contrôle de la reproduction, élevage larvaire et pré-grossissement), ce qui a conduit à la publication de nombreux résultats scientifiques dans ce domaine dans les années 80.

À l'heure actuelle, ces programmes de repeuplement se poursuivent et les travaux scientifiques qui y sont associés sont plus tournés vers l'étude de leur impact et des moyens de les optimiser. De nombreux travaux, notamment en matière de génétique de population, basés sur l'utilisation de marqueurs moléculaires, ont été réalisés pour distinguer les captures issues de juvéniles d'écloserie et pour évaluer l'impact génétique de ces lâchers sur les stocks sauvages. La tendance est à considérer que le bilan est économiquement positif, même s'il semble parfois difficile de s'appuyer sur des données précises.

Production aquacole

Dans le monde

Cette espèce a fait l'objet d'essais d'élevage ayant débouché avec plus ou moins de succès sur des programmes de développement dans les autres parties du monde où l'ombrine a été introduite (*figure 5*). Des transferts en provenance des États-Unis ont ainsi été réalisés à des fins expérimentales en Martinique d'abord (1985), puis au Panama (1987), Bahamas (1988), Équateur (1989) et Cuba (1996) pour la zone Amérique; pour le continent asiatique, l'ombrine a été introduite à Taïwan (1987), en Chine continentale (1991), y compris Hong Kong, Singapour et en Corée du Sud. Par la suite, Israël l'a importée en 1992 et l'île Maurice en 2002.

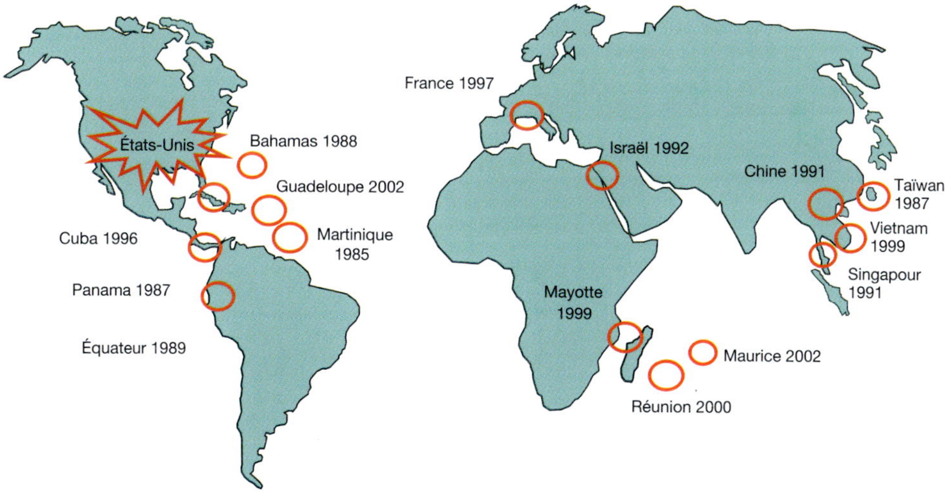

Figure 5. Historique des principaux transferts d'ombrine ocellée dans le monde.

En ce qui concerne Panama (Garces-Boticaio, 1992), les Bahamas (Chakalall, 1993) et la Corée (Oh *et al.*, 2002), les quelques références disponibles ne font état que d'expériences ou de tests à l'échelle du pilote qui n'ont abouti à aucune production recensée, si ce n'est quelques tonnes aux Bahamas entre 1989 et 1996. À Singapour, il est certain qu'il existe une production d'ombrine au moins en écloserie (Sasaki, 2000), mais aucune donnée de production ou information sur l'état du développement n'a pu être obtenue. De même, à Cuba, il est rapporté l'existence d'un stock de reproducteurs, il y a quelques années, mais aucune information fiable n'est disponible.

Finalement, seuls quelques pays ont débouché sur un développement significatif (*tableau 3*). C'est le cas en Équateur où la production a atteint d'après la FAO 2 000 tonnes entre 1999 et 2002 dans des bassins en terre de type crevetticulture (source FFI, août 1994) et, à une moindre échelle, dans des cages en mer (C. Rajoy, comm. pers.). Les raisons annoncées à la limitation du développement de cette espèce en Équateur sont liées à la frilosité des exploitants de crevettes. Cette nouvelle espèce était commercialisée sur un marché (sud des États-Unis) étroit et peu lisible. L'approvisionnement en larves des États-Unis était difficile et fluctuant et le cycle de grossissement (12 mois pour atteindre 1 kg) était plus long que celui de la crevette. Des problèmes pathologiques liés à des infestations au dinoflagellé *Amylodinium ocellatum* avaient été identifiés lors des premiers essais, dans les années 90, comme le point de blocage principal au développement de la filière (Benetti *et al.*, 1994). Finalement, la filière s'est plutôt éteinte en raison de difficultés de commercialisation (A. Maggliosi, comm. pers.). Notons que les problèmes techniques recensés comme des échecs de maturation des géniteurs, des difficultés en élevage larvaire ou une survie moyenne en grossissement (C. Rajoy, comm. pers.) laissent à penser que le transfert des techniques d'élevage ne s'est pas déroulé de manière optimale.

Tableau 3. Production aquacole de l'ombrine de 1997 à 2008 (source FAO).

	1997	1998	1999	2000	2001	2002	2003	2004	2005	2006	2007	2008
Chine							39329	38 066	40 011	42 203	49 291	50 947
Équateur			2 372	1 894	1 894	1 894						
États-Unis								1 362	1 500	1 500	1 814	2 268
Israël	104	128	101	197	299	247	438	638	297	392	36	40
Martinique	12	20	9	24	66	25	55	90	85	74	40	40
Maurice								326	368	416	155	175
Mayotte					75	185	209	183	163	138	137	165
Réunion					15	5	21	43	56			50
Total	**116**	**148**	**2 482**	**2 115**	**2 349**	**2 356**	**40 052**	**40 707**	**42 480**	**44 722**	**51 473**	**53 685**

En Israël, la production a atteint 100 tonnes en 1997, 200 tonnes en 2000 (source FAO), produites en cages à Eilat sur la mer Rouge. La production a dû être arrêtée à cause notamment de conflits avec des organisations de protection de l'environnement qui craignaient une colonisation des eaux naturelles de la région. En effet, Eilat est la station touristique d'Israël sur la mer Rouge qui met en avant une image positive en termes d'environnement, impliquant des retombées économiques importantes. Le risque de colonisation du milieu naturel y a été pris en compte, en raison de la capacité de l'ombrine à se reproduire dans les conditions locales et de la récurrence d'échappements incontrôlés des cages en mer (G. Pagelson, comm. pers.). Les autres fermes qui étaient susceptibles de développer une production d'ombrine n'ont pas choisi cette voie à cause de l'occurrence de myxidiose (Diamant, 1998), ainsi que de difficultés de commercialisation qui les ont conduits à s'orienter plutôt vers la daurade et le bar rayé. Par la suite, les juvéniles produits ont été essentiellement vendus à des éleveurs du nord du pays qui les utilisaient pour contrôler les reproductions naturelles de tilapia en bassins à terre (G. Pagelson, comm. pers.). D'après la FAO, la production israélienne, produite pour moitié en bassins, en eau saumâtre, a continué à augmenter pour atteindre plus de 600 tonnes en 2004. Elle est retombée à moins de 50 tonnes en 2007 et 2008.

À Taïwan, l'ombrine se reproduit naturellement dans les conditions locales, sans manipulation environnementale ni recours à l'induction hormonale (Liao *et al.*, 1994). Selon la FAO, la production s'élevait à près de 300 tonnes en 2002. D'autres références mentionnent une production de 30 millions d'œufs dès 1997 (Yeh *et al.*, 1998), ce qui laisse à penser que le tonnage a pu être beaucoup plus important.

L'introduction la plus récente concerne finalement l'île Maurice où une ferme semi-industrielle avec écloserie est opérationnelle depuis 2003 et produit en cages flottantes immergeables 200 à 300 tonnes par an (O. Daguin, comm. pers.). Le potentiel de production de 1 000 tonnes par an est visé à moyen terme, avec une possibilité d'extension sur deux autres sites pour atteindre un tonnage de 3 000 tonnes, si la commercialisation se développe à l'exportation. La commercialisation a été, dans un premier temps, axée sur le marché local, avec une forte composante touristique (hôtellerie, restauration), mais l'objectif est de pouvoir exporter une partie de plus en plus importante de la production.

En Chine, la pisciculture marine a pris un essor considérable depuis quelques années avec une cinquantaine d'espèces dont on maîtrise plus ou moins la reproduction et l'élevage larvaire (Hong et Zhang, 2003) et une quinzaine présentant un intérêt économique important (Chen *et al.*, 2008). Les renseignements, difficiles à obtenir, sont le plus souvent parcellaires car la plupart des références bibliographiques ainsi que les sites Web sont rédigés en chinois. Il n'existe pas de centralisation des données de production. L'ombrine a été introduite en Chine continentale en 1991, en provenance des États-Unis (R. Ji, comm. pers.) et fait l'objet d'élevage essentiellement en cages flottantes (W. Hong, comm. pers.), que ce soit sur le littoral ou en cages, plus au large.

Il n'existe que peu de production dans le nord du pays, mis à part le cas de la province du Shandong qui a démarré une production significative à la fin des années 90, stoppée en raison de l'insuffisance des débouchés commerciaux, et probablement aussi à cause des moins bonnes croissances enregistrées en eaux froides. C'est dans cette région que les infrastructures de reproduction de l'ombrine sont recensées alors que les principales régions productrices de poisson marin sont localisées dans le sud-est du pays, dans les provinces du Hainan, à Hong Kong, Singapour, Zhejiang et surtout dans la province du Fujian qui concentre plus de la moitié du million de cages en mer que compte la Chine (Chen *et al.*, 2008). Dans le Zhejiang, la ville de Ningbo notamment annonce une production de 5 000 tonnes d'ombrine dans les piscicultures environnantes et l'île de Zhoushan est un des premiers sites de pisciculture marine en Chine.

La production de juvéniles d'ombrine d'écloserie était estimée à plus de 10 millions d'unités en 2000 (Hong et Zhang, 2003), ce qui laisserait présager une production de l'ordre de 10 à 20 000 tonnes par an ; les données FAO mentionnent des productions de 40 à 50 000 tonnes entre 2003 et 2008.

Reste le cas des États-Unis qui, malgré les nombreux travaux réalisés sur la maîtrise de la zootechnie dans les années 80, n'avait jamais fait l'objet d'un développement significatif de sa production aquacole. Tout au plus mentionnait-on, dans les années 90, l'existence d'une ferme au Texas (Redfish Unlimited) qui produisait annuellement entre 100 et 200 tonnes d'ombrine en bassins en terre. Cependant, la production a été relancée au milieu des années 2000, en raison notamment de la reconversion de quelques fermes de crevettes vers cette activité, et de la raréfaction de l'ombrine sur des marchés pourtant demandeurs. On enregistre ainsi une production de plus de 1 000 tonnes dès 2004. Treece (2008) mentionne une production au Texas de 1 800 et 2 300 tonnes, respectivement en 2007 et 2008, pour des superficies exploitées de 160 et 280 hectares de bassins, soit des rendements de l'ordre de 10 t/ha/an. Une augmentation de la production est prévue à hauteur de 3 000 tonnes en 2009.

Dans les départements français d'outre-mer

Au milieu des années 80, des Martiniquais regroupés au sein de l'Association pour le développement de l'aquaculture en Martinique (ADAM), se sont intéressés et ont introduit cette espèce, motivés par l'idée de trouver un poisson marin susceptible d'être maîtrisé à brève échéance. Les travaux qui avaient été menés quelques années auparavant aux Antilles françaises par le Cnexo, l'ISTPM, l'UAG et l'ADAM avaient conclu, d'une part, à la difficulté de maîtriser rapidement le cycle d'élevage des espèces locales étudiées en raison d'un certain nombre de points de blocage biologiques qu'il était difficile de lever avec les connaissances de l'époque, d'autre part, à l'échec de l'élevage commercial du bar européen (ferme Aquamar SA) qui était confronté à une pathologie chronique d'origine virale (*Nodavirus*).

Un consensus s'est donc dégagé entre les acteurs du développement. En 1985, l'ADAM a décidé d'introduire à des fins aquacoles l'ombrine à la Martinique et d'effectuer les premiers essais d'élevage. Il s'en est suivi, en 1987, un partenariat avec l'Ifremer pour démarrer les travaux de nature zootechnique. Ceux-ci s'appuyaient sur les acquis scientifiques des équipes américaines pour le contrôle de la reproduction et sur les avancées techniques obtenues, notamment par l'Ifremer, sur l'élevage larvaire des espèces marines tempérées en Europe. Ces travaux ont débouché, en 1993, sur la publication de standards en matière de reproduction, élevage larvaire et grossissement qui devaient permettre le lancement véritable du développement de cette espèce.

Par la suite, les incertitudes concernant l'accès aux ressources naturelles sauvages d'ombrine aux États-Unis a conduit à s'interroger sur la nécessité de disposer d'un stock de géniteurs fermés à large base génétique. Dans cette perspective, un certain nombre d'introductions complémentaires d'œufs issus de parents sauvages a été réalisé par l'Ifremer à partir d'écloseries américaines de Caroline du Sud, du Texas et de Floride en 1996, 1998 et 1999.

Parallèlement, les départements et territoires d'outre-mer de l'océan Indien (Réunion et Mayotte) ont manifesté leur intérêt pour cette espèce dont l'élevage était maîtrisé et qui était susceptible de répondre à leurs besoins. C'est ainsi que les structures de transfert de développement de ces deux îles, l'Association pour le développement de l'aquaculture à Mayotte (Aquamay) et l'Association réunionnaise de développement de l'aquaculture (ARDA) ont introduit l'ombrine : à Mayotte en 1999 en provenance d'Israël et de Monaco, puis à la Réunion en 2000 depuis la Martinique. Ces introductions ont été complétées à Mayotte par des lots originaires de Taïwan (2000, 2001), Monaco (2000) et la Réunion (à partir de 2002). La Réunion a, quant à elle, procédé à un transfert de certains des géniteurs mahorais d'origine israélienne en 2002. Les premiers tests d'élevage ont été jugés suffisamment prometteurs pour conduire à l'installation de fermes dans ces deux îles.

Enfin, l'ombrine a été introduite en Guadeloupe en 2002, en provenance de la Martinique. L'historique de l'ensemble de ces transferts est résumé dans la *figure 6*.

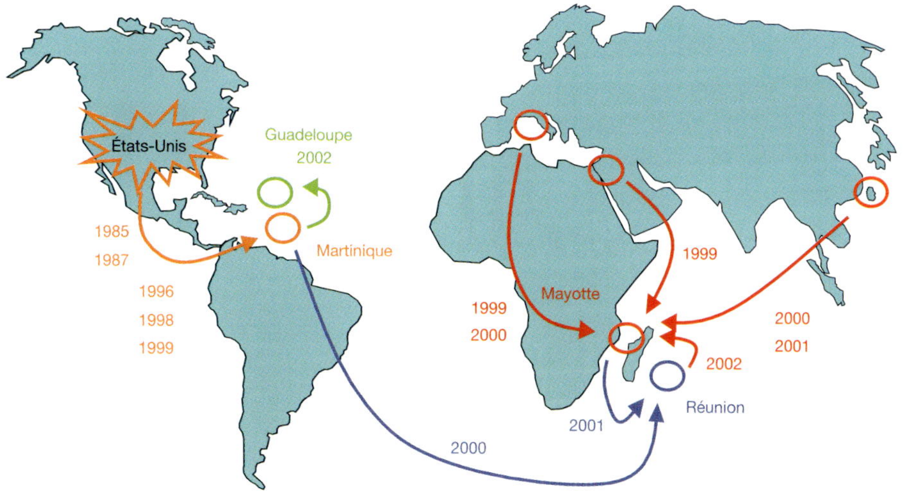

Figure 6. Historique des principaux transferts d'ombrine concernant les DOM-TOM français : Martinique (orange), Guadeloupe (vert), Réunion (bleu), Mayotte (rouge).

L'évolution des productions aquacoles de l'outre-mer français (*figure 7*) montre que si, historiquement, le berceau de l'élevage se situe en Martinique au début des années 90, les îles françaises de l'océan Indien, au développement plus récent (début 2000), présentent une augmentation plus rapide de la production, particulièrement Mayotte qui est à l'heure actuelle le plus gros producteur français d'ombrine. Cette île est aussi la seule à présenter un développement significatif de l'exportation puisque près de 80 % du volume étaient exportés en Europe ces dernières années par une ferme de type semi-industriel (*photo 3*). La Réunion, quant à elle, a développé une technologie originale de cages immergeables (cf. chapitre 5, *Grossissement*, p. 99) en raison de l'absence de sites protégés, elle n'arbore qu'une seule ferme de production (*photo 4*). Notons que cette technologie a aussi été installée dans l'île voisine de Maurice. En Guadeloupe également, une seule ferme exploite l'ombrine mais à très petite échelle pour l'instant ; il existe cependant un réel potentiel d'expansion dans cette île. La Martinique enfin présente le tissu productif le plus développé puisque 70 % des fermes d'ombrine ultramarines sont en Martinique. Elles affichent cependant un caractère artisanal avec des niveaux de production individuels, allant de quelques tonnes à 20 tonnes par an (*photo 5*). En effet, au-delà de ce niveau de production, la réglementation oblige le promoteur à constituer un dossier ICPE qui est plus lourd et plus coûteux en raison, notamment, de la nécessité de réaliser une étude d'impact. Les principales caractéristiques du développement ultramarin de la production d'ombrine sont synthétisées dans le *tableau 4*.

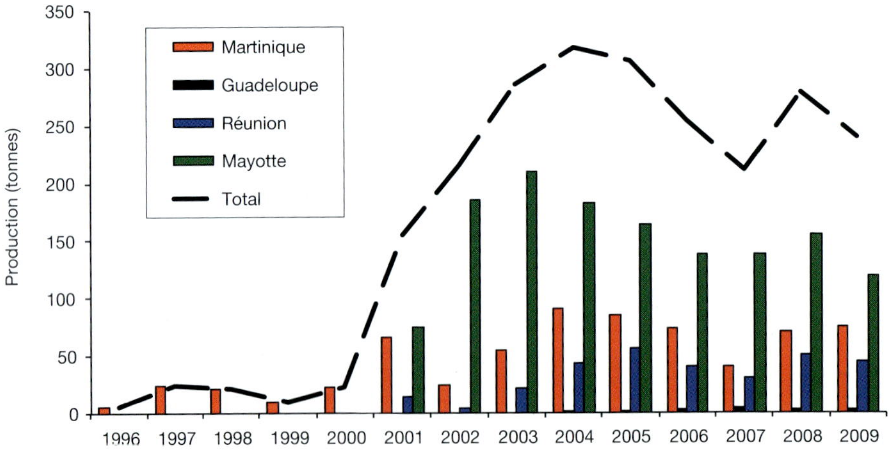

Figure 7. Évolution de la production aquacole d'ombrine dans l'outre-mer français.

Photo 3. Ferme semi-industrielle en lagon à Mayotte (© Mayotte Aquaculture).

Photo 4. Cages immergeables installées sur un site exposé en mer ouverte à la Réunion (© ARDA).

Photo 5. Ferme artisanale d'ombrine en baie protégée à la Martinique (ci-contre © DEAL Martinique, Henri Salomon ; ci-dessous © Ifremer Martinique).

Tableau 4. Principales caractéristiques du développement de la production d'ombrine dans l'outre-mer français.

	Martinique	Guadeloupe	Réunion	Mayotte
Nb fermes	14	1	1	1+3
Modèle	Artisanal (2 – 20 t/an)	Artisanal (5 t/an)	Semi-industriel (50 t/an)	Semi-industriel + pépinière
Capacité (t/an)	300	10	100	400
Écloserie	2 privées (artisanales)	1 privée	Centre technique	Centre technique
Marché	Restauration, marchés, GMS*	Restauration, GMS	80 – 90 % GMS	Exportation (70 – 90 %) Local (10 – 30 %)
Calibre (kg)	0,8 – 1,2 Portion 500 g	0,5 – 1	0,8 – 1,2	Env. 1 (local) 3 (export)
Prix de vente (€/kg)	7 – 9	9 – 10	5 – 7	3,5 – 5

* Grandes et moyennes surfaces.

Malgré des atouts indéniables, en matière de sites d'élevage, de marché et de maîtrise technique de l'espèce notamment, le potentiel de production tarde à s'exprimer pleinement. Selon les régions, différentes explications peuvent être apportées, elles sont résumées dans le *tableau 5*. Les principaux freins rencontrés pour le développement de la production relèvent des difficultés d'organisation de la filière, de la réglementation, des aléas climatiques, des difficultés de développement des marchés locaux ou de la mobilisation des capitaux au démarrage du projet.

Marché de l'ombrine

Marché américain

Compte tenu de sa répartition naturelle, le marché traditionnel de l'ombrine reste les États-Unis où, pendant très longtemps, une pêcherie commerciale existait et débarquait quelques milliers de tonnes. Même si cette pêcherie a pratiquement disparu, cette espèce emblématique est encore très présente pour les consommateurs en raison d'une pêche récréative très développée. Le marché de l'ombrine issue de la pêche commerciale ne peut être abordé qu'au travers des données de production et de chiffres d'affaires recensés dans les statistiques du gouvernement (*figure 8*).

Tableau 5. Atouts et contraintes du développement de l'élevage de l'ombrine dans l'outre-mer français.

Contexte général	+	Conditions d'élevage (température, qualité d'eau)	Mar-Gua-Réu-May*
		Besoin en développement économique	
		Centre transfert/développement	Réu-May
	-	Risque cyclonique	Mar-Gua-Réu
		Coûts du transport (intrans et exportations)	Mar-Gua-Réu-May
		Pas de centre transfert/développement	Mar-Gua
		Réglementation ICPE** contraignante	Mar-Gua-Réu
		Infrastructures peu développées	May
Espèce	+	Maîtrise technique	Mar-Gua-Réu-May
		Rusticité	
		Croissance	
	-	Espèce non indigène	
Sites	+	Nombreux sites favorables	Mar-Gua-May
	-	Concurrence avec les activités maritimes (tourisme, navigation)	Mar-Gua
		Sites exposés sur la côte des Caraïbes	Mar-Gua
		Sites peu nombreux et exposés	Réu
Marché	+	Marché local déficitaire en poisson	Mar-Gua
		Forte consommation locale (env. 35 kg/hab/an)	
		Ombrine reconnue par le consommateur	Mar
	-	Débouchés locaux limités	May
		Importations de poissons de la zone à bas prix	Mar-Gua
Filière	-	Difficultés d'organisation	Mar
		Un seul producteur marin	Gua-Réu
		Taille modeste de la filière	Mar-Gua-Réu-May

*Mar : Martinique ; Gua : Guadeloupe ; Réu : Réunion ; May : Mayotte.
**ICPE : installation classée pour la protection de l'environnement.

On peut ainsi observer que de 1950 au début des années 1970, le prix évalué à partir de ces données était relativement stable et oscillait autour de 300 $/t. Le prix a subi ensuite une augmentation régulière jusqu'à 1988 où il s'établissait à 1844 $/t. Il a continué à grimper pour atteindre 2 500 $ au début des années 90. Par la suite, durant les années 2000, on a observé des fluctuations importantes du marché d'une année sur l'autre, avec une tendance à la stabilisation des cours autour de 2 000 $/t. Cependant, à partir de 2000, seuls le Mississippi, la Virginie et la Caroline du Nord affichent encore des statistiques de débarquement mais à un niveau si faible que les prix estimés par ce moyen n'ont plus beaucoup de signification. On ne peut donc pas considérer que cela puisse représenter un repère pour un positionnement du poisson d'aquaculture.

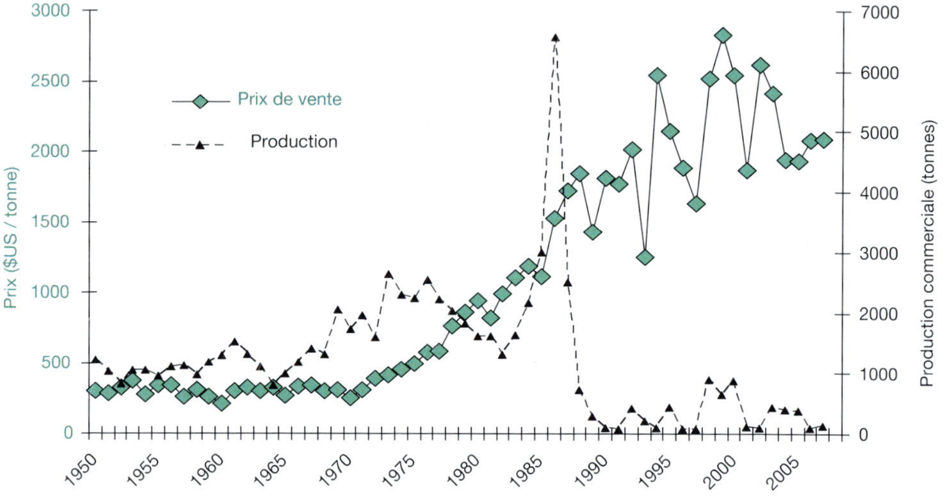

Figure 8. Évolution du prix de vente de l'ombrine de pêche aux États-Unis entre 1950 et nos jours (d'après les données du National Marine Fisheries Service, NOAA).

L'existence d'une consommation traditionnelle de cette espèce, particulièrement dans les États du Sud, combinée à sa raréfaction à la vente, a ouvert des opportunités pour le produit d'aquaculture qui s'est considérablement développé aux États-Unis ces dernières années, comme on l'a vu précédemment. Actuellement (FAO, 2009-2011), le marché américain préfère des calibres de 1,5 lbs (pounds), soit 700 g environ, pour un poisson écaillé, étêté et éviscéré, et de 3 ou 4 lbs, soit 1,4 kg à 1,8 kg pour en tirer deux filets de 250-300 g. Le prix payé au producteur pour le poisson entier est compris dans une gamme de 4,19 à 4,63 $/kg. De son côté, Treece (2008) mentionne pour le Texas un prix de 5,20 à 5,30 $/kg pour l'ombrine d'aquaculture vendue entière, sous glace, sur les marchés de grandes villes comme Houston ou Austin.

En ce qui concerne les autres pays producteurs, la production, significative au début des années 2000 en Équateur, se serait éteinte en raison de difficultés de commercialisation (A. Maggliosi, comm. pers.). Les producteurs visaient le marché américain, très demandeur, qui reste assez difficile d'accès en raison des contraintes administratives à l'importation des denrées alimentaires. Par ailleurs, la Chine est de loin le plus gros producteur (40 à 50 000 t/an) mais ses débouchés restent difficiles à cerner car aucune information n'est disponible sur son marché intérieur. On rencontre la même difficulté pour les autres pays asiatiques où ce produit semble cependant peu prisé.

Marché européen

La possibilité d'accéder au marché européen pour de l'ombrine produite dans les DOM-TOM français est particulièrement importante pour le développement de l'élevage. Elle a fait l'objet d'une analyse approfondie (Girard, 2007 ; Girard et Mariojouls, 2008). En Europe, le marché est actuellement peu développé en raison de la faible notoriété de l'espèce. Elle reste limitée pour l'instant à des marchés de niche, notamment en France, Grande Bretagne et Italie sur le segment du poisson frais entier, de grande taille, de qualité supérieure. C'est ce type de marché, en Suisse et en Allemagne, qui est exploité pour l'ombrine produite à Mayotte, de manière à obtenir des prix de vente au distributeur suffisamment rémunérateurs (6 à 6,50 €/kg) pour supporter des coûts d'approche (fret aérien) très élevés, 2,78 €/kg en 2005 (IEDOM, 2006). Cela reste pour l'instant le segment le plus porteur sur le marché européen pour la filière ombrine ultramarine française.

En effet, sur le marché européen, il n'existe pas pour l'instant de flux commerciaux identifiés significatifs de découpe d'ombrine (filets, darnes). Pourtant, ce segment de marché connaît un fort dynamisme en Europe. On pourrait penser qu'une espèce comme l'ombrine, atteignant rapidement des tailles élevées, puisse espérer se positionner sur ce créneau. Il ne s'agit en aucun cas de vouloir concurrencer, par exemple, le *Pangasius* du Vietnam. L'ombrine ne se situe pas sur le même segment de marché, il n'est pas possible pour le moment de faire baisser les coûts de production à des niveaux aussi bas. D'après Mariojouls *et al.* (2008), la filière ultramarine peut difficilement envisager de descendre actuellement à des coûts de production au sortir de la ferme, inférieurs à 3 €/kg, même dans le cas de production semi-industrielle. À l'heure actuelle, l'ombrine d'aquaculture, même avec un bon rendement au filetage, arriverait à un coût trop élevé sur ce marché hautement compétitif. En effet, en 2005 (Girard, 2007), les prix des filets frais importés dans l'Union européenne variaient de 4 €/kg (pour les lieus) à 7,50 €/kg (pour le cabillaud).

Un parallèle intéressant peut être fait sur le marché européen avec une autre espèce de sciaenidé, le maigre *Argyrosomus regius*. D'ailleurs, maigre européen et ombrine de Mayotte sont vendus sur le même marché en Italie où ils sont considérés au même niveau de valeur par leurs clients. Outre qu'ils appartiennent à la même famille, ces deux espèces présentent un certain nombre de points communs qui permettent d'établir des comparaisons :
- caractères morphologiques très proches (*photo 6*) ;
- qualité de chair voisine (chair maigre mais riche en acides gras polyinsaturés) ;
- tailles commerciales élevées ;
- techniques d'élevage similaires (écloserie intensive, grossissement en cages) ;
- performances de croissance comparables et élevées.

Photo 6. Aspect comparé du maigre, *Argyrosomus regius* (en haut, © Ifremer) et de l'ombrine *Sciaenops ocellatus* (en bas, © Ifremer Martinique).

Un ouvrage a été consacré à cette espèce (Quémener, 2002) et une fiche de synthèse est disponible sur le site de la FAO (FAO, 2009). Les captures de maigre sont majoritairement effectuées au large de la Mauritanie. Elles oscillaient, dans les années 90, entre 8 et 10 000 tonnes par an. Le prix moyen (criée et hors criée) est passé de 2-4 €/kg dans les années 80 à 4,5-6 €/kg entre 1992 et 1995. Les prix ont ensuite chuté autour de 3 €/kg en 1996 avec l'augmentation des débarquements et sont remontés à 5-6 €/kg, dès que les captures sont revenues à leur niveau antérieur. Il existe une différence de prix entre les calibres ; les plus prisés sont les individus de plus de 2 kg dont le prix en criée est resté relativement stable, autour de 6-8 €/kg. La demande dans cette catégorie de taille s'établirait aujourd'hui à un prix départ producteur se situant entre 7 et 12 €/kg.

Le maigre est élevé en Europe du Sud depuis une quinzaine d'années, mais la production aquacole a atteint, depuis peu, une dimension économique. Elle est passée de quelques tonnes en 2001 à 3 800 tonnes en 2008, produites à 54 % par l'Égypte et 30 % par l'Espagne, la France et l'Italie (300 tonnes chacun). Ces derniers pays constituent d'ailleurs le principal débouché de l'espèce. Le prix moyen du maigre d'aquaculture s'y établirait à 6,80 €/kg.

En résumé, on peut penser qu'il existe une demande pour du poisson de mer entier, de gros calibre (>2 kg), appartenant au segment moyen-haut de gamme, à un prix d'achat pour le distributeur compris entre 7 et 12 €/kg sur lequel l'ombrine pourrait se positionner. Il est difficile d'évaluer son volume, mais d'après les relations existant entre captures et prix du maigre, on peut craindre que les débouchés soient relativement limités et qu'une telle stratégie ait pour conséquence une mise en concurrence directe de ces deux espèces.

Marchés insulaires locaux

Dans la stratégie de développement de la production aquacole d'ombrine, la Martinique et la Réunion ont visé essentiellement le marché local, tandis que Mayotte et l'île Maurice visaient le marché de l'export.

Cependant, l'île Maurice qui ciblait l'exportation au lancement de son projet en 2000 a développé un marché de proximité qui lui permet d'écouler une partie importante de sa production (200 t/an), et ce, auprès d'une clientèle locale touristique (hôtellerie 56 %, restauration 8 %) et de détail de 27 % (C.M. Jorry, comm.pers.). L'île Maurice bénéficie, il est vrai, d'une industrie touristique bien développée (800 000 touristes par an). L'objectif, à côté de ce débouché local à hauteur de 20 %, est de développer un marché à l'exportation, à destination principalement de l'Europe, avec les incertitudes mentionnées ci-dessus.

Ainsi, compte tenu de la difficulté de pénétration du marché américain d'une part, et des contraintes sur le marché européen d'autre part, il apparaît que les débouchés locaux fournissent une voie économiquement intéressante qu'il convient de ne pas négliger. Plus particulièrement, les économies insulaires tropicales présentent un certain nombre de caractéristiques que l'on retrouve sinon partout, du moins fréquemment : des populations traditionnellement tournées vers les produits de la mer ; des ressources halieutiques surexploitées ; un développement économique touristique plus ou moins important.

Ces caractéristiques génèrent souvent des marchés locaux très demandeurs en poisson. Ainsi comme l'île Maurice, la Martinique a développé un marché local assez rémunérateur pour rentabiliser des exploitations de type artisanal qui ne permettent pas d'engendrer des économies d'échelle (*photo 7*). Cela passe par un certain nombre de préalables au premier rang desquels figure la promotion du produit qui est généralement peu ou pas connu du consommateur local. Dans l'exemple de la Martinique, la promotion de l'ombrine a permis d'améliorer la notoriété de ce poisson totalement inconnu il y a une vingtaine d'années, et qui est actuellement présent à la carte d'une majorité des restaurants de l'île. De plus, dans leur souci de rechercher une meilleure rentabilité, les producteurs ont privilégié les circuits de distribution courts (marchés, particuliers, restauration), ce qui a permis d'obtenir des prix de vente entre 8 et 9 €/kg pour du poisson écaillé/éviscéré, et a fortement contribué à faire connaître et apprécier l'espèce.

Photo 7. Vente d'ombrine sur un marché aux poissons en Martinique (© Ifremer Martinique).

Enfin, des perspectives en termes de valeur ajoutée existent et gagneraient à être recherchées grâce aux possibilités de transformation qu'offre l'ombrine (cf. chapitre 5, *Qualité de la chair et transformation,* p. 113), des tailles importantes pouvant être atteintes en un temps de croissance limité. À titre d'exemple, une étude de cas portant sur une entreprise artisanale, produisant 15 tonnes d'ombrine par an en Martinique, a montré que la demande en produit transformé s'accentuait sur le marché local ; 35 % de la production étaient écoulés en filets contre 65 % en écaillé/éviscéré (Levassort *et al.*, 2010). Cette tendance est confirmée par la répartition des calibres produits par l'entreprise qui montre une évolution de la demande vers du poisson de taille supérieure à 1 kg, représentant récemment plus de 40 % de la production (*tableau 6*).

Tableau 6. Répartition des calibres marchands dans une ferme artisanale martiniquaise (d'après Levassort *et al.*, 2010).

Poids (g)	200 – 650	650 – 1 000	1 000 – 2 000	> 2 000
Ventes (%)	15	43	34	8

À l'échelle d'un territoire, il peut être difficile d'élaborer une stratégie cohérente visant à développer les ventes d'ombrine d'élevage sur un marché insulaire local. Cela est en partie dû à une faible connaissance des marchés et des circuits de vente, ainsi qu'à une organisation insuffisante de la filière. C'est le cas dans plusieurs îles des DOM-TOM français (Mariojouls et Fischer, 2007 ; Mariojouls et Girard, 2008).

Approche technico-économique de la production aquacole

Les données technico-économiques sont relativement rares dans la bibliographie étrangère et relèvent généralement de simulations ou d'extrapolations réalisées sur le modèle de fermes aquacoles du sud des États-Unis, fonctionnant sur un système semi-intensif en bassins en terre. Les travaux se sont surtout appliqués à étudier l'influence des températures hivernales froides dans le sud des États-Unis sur l'organisation d'une ferme de production, intégrant écloserie, nurserie protégée sous serre et grossissement en bassins extérieurs de plusieurs hectares (McBryde, 1994 ; Thacker et Griffin, 1994). Le principal problème résidait dans la nécessité pour le cheptel de passer deux saisons froides avant d'atteindre la taille commerciale, ce qui impliquait des risques élevés de perte et décourageait les investisseurs (Lutz *et al.*, 1997). Partant de ce constat, Lutz a effectué une simulation à partir de données obtenues dans les conditions d'élevage inspirées de celles utilisées en Louisiane. Accompagnée d'un certain nombre de recommandations en matière de stratégie d'élevage, cette étude visait à illustrer ce que pourrait véritablement être une aquaculture d'ombrine dans le sud des États-Unis. Ainsi, en 1997, le coût de production de l'ombrine était estimé selon les stratégies entre 5,53 et 5,97 $/kg.

Pour ce qui concerne l'élevage en cages, les données technico-économiques disponibles sont plus nombreuses mais issues quasi-exclusivement des équipes françaises ultramarines. Dans les années 90, en Martinique, des simulations basées sur des performances zootechniques enregistrées à l'échelle expérimentale, voire à l'échelle pilote chez les premiers exploitants privés, ont permis d'identifier les facteurs principaux influant sur le coût de production (Goyard *et al.*, 1993b ; Houel *et al.*, 1996). L'augmentation du calibre marchand de 350 g à 800 g permet de diminuer le coût de production de 12 % car on utilise moins d'alevins pour produire un kilo de poisson. Des économies d'échelle significatives (-16 %) ont également été mises en évidence entre un modèle artisanal et un modèle semi-industriel de production annuelle, de 20 et 200 tonnes respectivement. L'influence des économies d'échelle apparaît aussi de manière indirecte par le biais de la diminution du coût de production de l'alevin lorsque la taille de la filière (et donc le marché de l'alevin) augmente, amenant l'unité d'écloserie à une augmentation de taille et à une efficacité technico-économique améliorée.

Toujours en Martinique, Gauthier actualise ces résultats en 2002 avec des simulations basées sur le prix réel des intrants et des scénarii conformes aux stratégies de vente des producteurs martiniquais. Il obtient une structure des coûts comparable à celle mentionnée dans l'étude de 1996 (*figure 9*) et des coûts de revient du poisson livré écaillé/éviscéré de 8,20 €/kg dans le scénario de base et de 7,40 €/kg, lorsque les calibres supérieurs sont privilégiés.

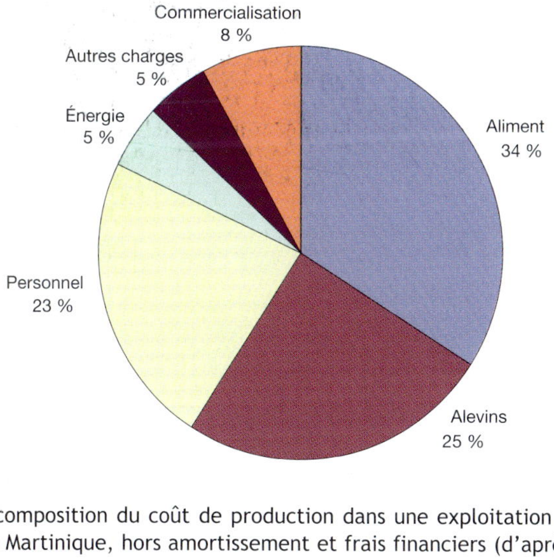

Figure 9. Décomposition du coût de production dans une exploitation produisant 15 tonnes d'ombrine en Martinique, hors amortissement et frais financiers (d'après Gauthier, 2001).

Plus tard, une analyse économique comparée de la filière ombrine dans trois territoires français d'outre-mer (Martinique, Réunion et Mayotte) a été réalisée à l'aide des différents travaux de simulation disponibles (Mariojouls et Fischer, 2007b). Malgré un certain nombre de différences qui rendent difficile les comparaisons, il semblerait que les coûts de production de l'ombrine produite outre-mer s'étalent sur une gamme allant de 4 à 7,40 €/kg selon les scénarii. Cette espèce se trouve donc dans une situation assez favorable sur le plan de la production par rapport aux espèces marines classiquement élevées en France hexagonale. Cela ne préjuge toutefois pas de ses possibilités d'insertion sur le marché domestique, compte tenu des incertitudes concernant son positionnement et l'impact des frais d'approche.

Dans un autre travail, Mariojouls et Fischer (2007a) ont complété leur analyse par une étude plus spécifique de la filière martiniquaise qui fait apparaître une grande diversité de situations, tant au niveau des performances zootechniques que des stratégies d'entreprise (main-d'œuvre, circuit de vente, nature des investissements). L'étude de sensibilité réalisée montre au travers de différents scénarii que la rentabilité du modèle artisanal est encore fortement dépendante des subventions d'exploitation accordées par la Région Martinique et qu'avec certaines améliorations atteignables à court ou moyen terme (baisse de l'indice de conversion et/ou du prix de l'alevin), la rentabilité peut être atteinte sans subvention (*tableau 7*).

Tableau 7. Simulation des coûts de production de l'ombrine produite en Martinique en conditions artisanales (15 tonnes par an) selon différents scénarii sans subvention d'exploitation (d'après Mariojouls et Fischer, 2007a).

Scénario commercial	80 % de poisson de 300 g 20 % de poisson 800 g				80 % de poisson de 300 g 50 % de poisson de 800 g 30 % de poisson de 1,2 kg			
Prix de vente moyen brut (€/kg)	6,87				7,16			
Indice de conversion (IC)	300 g: 1,4 800 g: 1,8 1,2 kg : 2,2		300 g : 1,2 800 g : 1,6 1,2 kg : 2		300 g : 1,4 800 g : 1,8 1,2 kg : 2,2		300 g : 1,2 800 g : 1,6 1,2 kg : 2	
Prix alevin (€)	0,70	0,50	0,70	0,50	0,70	0,50	0,70	0,50
Répartition des charges								
Alevin (%)	28	22	29	22	16	12	17	12
Aliment (%)	18	20	16	17	24	25	22	23
Structure (%)	39	42	40	44	43	45	43	46
Amortissement (%)	15	16	15	17	17	18	18	19
Coût de production/kg (€)	**8,20**	**7,63**	**8,01**	**7,35**	**7,58**	**7,23**	**7,38**	**7,03**

Enfin, les données les plus récentes sur le fonctionnement technico-économique d'une entreprise artisanale d'élevage d'ombrine tropicale sont issues d'une étude réalisée sur une ferme martiniquaise, produisant en moyenne 15,5 tonnes d'ombrine par an sur les cinq dernières années. Cette ferme a été choisie pour son caractère pilote dans le développement et le suivi complet dont elle a bénéficié (Levassort et al., 2010). L'investissement s'élève à 82 000 € dont 63 % pour le matériel productif et 35 % pour la transformation/commercialisation, en raison d'une stratégie de vente directe aux particuliers et à la restauration. La productivité moyenne du matériel d'élevage se monte ainsi à 3 400 € par tonne produite annuellement. La main-d'œuvre de la ferme correspond à 1,5 UTH (unité de travail humain, correspondant à un temps plein), avec une répartition équilibrée entre les tâches d'élevage (alimentation, pêche, entretien, soit 34 %), la transformation du produit (écaillage, éviscération, filetage, 33 %) et la commercialisation (y compris la livraison, 33 %). La stratégie commerciale choisie par l'entreprise est très chronophage mais lui permet d'obtenir un prix de vente moyen de 9 €/kg. Malgré cela, l'entreprise atteint à peine l'équilibre financier, si les subventions d'exploitation régionales ne sont pas prises en compte pour les frais d'approche de l'aliment (1 €/kg) et de l'alevin (0,30 €/alevin). Cela montre que la rentabilité des entreprises est encore dépendante des aides à l'exploitation. Lorsque l'on tient compte de ces aides, la marge nette dégagée s'élève à 1,90 €/kg, autorisant des investissements pour le développement de l'entreprise.

Le coût de production du poisson sorti de cage s'élève à 6,65 €/kg (ou 4,95 €/kg avec subventions). Ces chiffres sont à rapprocher de ceux mentionnés par Mariojouls et Fischer (2007a) dans les scénarii les plus favorables. Selon les simulations réalisées à la Réunion, le coût de production s'établit entre 4 et 5,60 €/kg pour des entreprises semi-industrielles produisant 50 à 120 t/an (Bosc 2004) et à 3 €/kg pour une entreprise produisant 180 t/an (Cam, 2005).

La stratégie commerciale de l'éleveur peut être soit d'intégrer la commercialisation dans son activité comme dans le cas présent, le surcoût généré sera alors compensé par un meilleur prix de vente, soit de vendre en gros à une structure de commercialisation (coopérative, grossiste, mareyeur...) et son prix de vente sera alors inférieur. Dans ce dernier cas, il peut se consacrer exclusivement à son activité de production. La productivité de la main-d'œuvre passe alors de 10 à 15 tonnes par UTH. La répartition des charges en année stabilisée dans cette entreprise est donnée dans la *figure 10*.

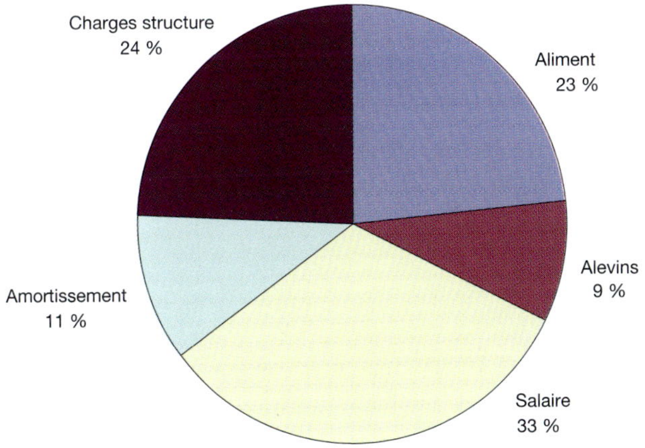

Figure 10. Répartition des charges après allocation des subventions d'exploitation dans une entreprise artisanale produisant 15 tonnes d'ombrine par an et livrant son produit à la restauration (d'après Levassort *et al.*, 2010).

3

Reproduction en captivité et génétique

Description des stades de maturation sexuelle

Chez la femelle, il est possible de prélever des ovocytes dans la gonade en effectuant une biopsie ovarienne à l'aide d'une pipelle de Cornier, fin tubule qui est introduit dans l'orifice génital (*photo 8*). Les individus sont préalablement anesthésiés à l'aide d'Eugénol, essence de clou de girofle, à la dose de 25 ppm pour un sommeil profond. Une dose de 15 ppm peut être utilisée pour calmer les poissons mais procure un endormissement insuffisant lorsque la manipulation du poisson demande une immobilisation complète (prise de sang, biopsie ovarienne...). Pendant le repos sexuel, la femelle fabrique des ovocytes primaires qui seront ensuite mobilisés durant la maturation par vagues successives. Les deux critères principaux d'évaluation des stades de développement de l'ovocyte sont le diamètre et son organisation interne. Cette dernière est rendue visible grâce à l'immersion dans une solution EFA composée d'éthanol, de formol et d'acide acétique (6 vol./3 vol./1 vol.) de manière à perméabiliser la membrane et éclaircir l'intérieur de la cellule.

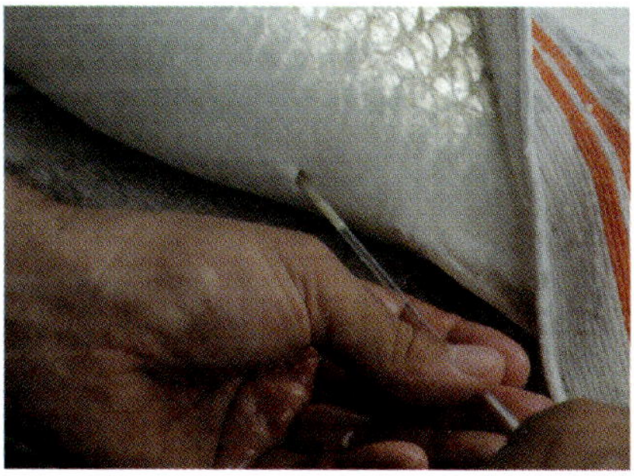

Photo 8. Biopsie ovarienne sur une femelle d'ombrine (© Ifremer Martinique).

En s'appuyant sur des travaux effectués sur différentes espèces, Parfouru et Fauvel (1997) ont élaboré une classification des stades de développement. À partir du stade de croissance primaire (stade CP) où les ovocytes sont de petite taille (inférieur à 120 µm), on assiste à une augmentation de taille jusqu'à atteindre un diamètre maximal de 500 à 600 µm par l'acquisition de réserves lipidiques ou vitellogenèse. Durant cette phase, des complexes glycoprotéiques et lipidiques mobilisés au niveau du foie sont transmis par voie sanguine avant d'être incorporés puis stockés par l'ovocyte à l'aide de récepteurs membranaires spécifiques : le noyau devient invisible masqué par les globules vitellins (stade GV).

Lorsque les ovocytes atteignent 600 µm, le volume stagne alors que des modifications interviennent dans l'organisation de la cellule correspondant à la maturation ovocytaire. Dans un premier temps, le noyau est en position centrale et le cytoplasme présente une granulation homogène (stade A), puis les globules vitellins se regroupent de manière centripète, laissant apparaître une zone hyaline en périphérie du cytoplasme (stade B). Leur coalescence dans la partie centrale accompagne la migration du noyau vers la périphérie (stade C). Ce stade est relativement fugace et n'est pas toujours observé. Puis l'ovocyte s'hydrate en se gonflant d'eau et est ovulé à l'intérieur de l'ovaire. Enfin, il est émis dans le milieu externe (oviposition) où se déroulera la fécondation par le spermatozoïde.

Stade de la croissance primaire (CP, *photo 9a*). Les ovogonies et ovocytes en pré-vitellogenèse sont caractérisés par un cytoplasme très clair (absence de vacuole ou d'inclusion) et un gros noyau. Le diamètre ovocytaire (ovocyte plus follicule) est inférieur à 120 µm.

Stade des alvéoles corticaux (AC, *photo 9b*). L'ovocyte est plus sombre, de couleur marron. En histologie les nombreux alvéoles corticaux sont visibles en cercles concentriques autour du noyau qui est central. Le rapport nucléo-plasmique est peu élevé et le diamètre ovocytaire est compris entre 100 et 260 µm.

Stade des globules vitellins (GV, *photo 9c*). Les globules vitellins apparaissent et remplissent rapidement, de façon homogène, tout le cytoplasme, cachant ainsi le noyau. Les alvéoles corticaux sont progressivement repoussés en périphérie, sur une fine lame. Le diamètre ovocytaire augmente de façon importante (260-575 µm). L'ovocyte prend une couleur grisâtre caractéristique.

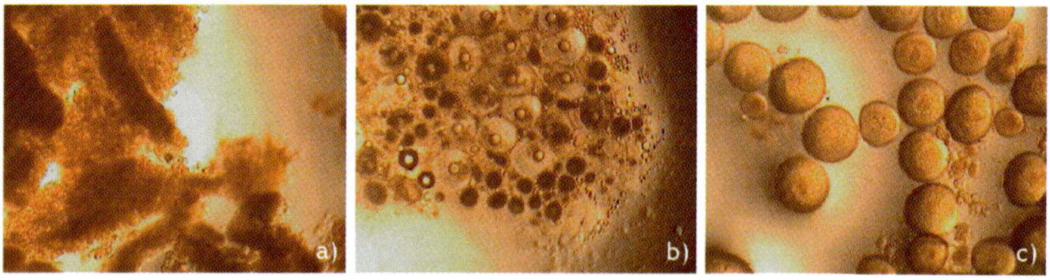

Photo 9. Stades de développement a) Ovocyte au stade de croissance primaire ; b) Ovocyte au stade d'alvéoles corticaux, en foncé sur la photo ; c) Ovocyte au stade de globules vitellins (© Ifremer Martinique).

Stade du noyau en migration (NM, *photo 10*). Le cytoplasme est clairement stratifié et la membrane ovocytaire est épaisse. La présence de gros globules vitellins puis leur fusion progressive entraînent une hyalinisation périphérique du cytoplasme. Le noyau nettement visible migre en périphérie. Le diamètre ovocytaire varie peu (450-590 µm), 590 µm semblant être le diamètre seuil à partir duquel la maturation terminale peut avoir lieu. Les follicules composés des ovocytes et de leur enveloppe folliculaire se dispersent beaucoup plus aisément dans l'EFA.

Stade A. Fin du stade des globules vitellins (GV) décrit précédemment; le noyau est bien visible en position centrale.

Stade B. Différentiation centripète des granules et disposition des alvéoles corticaux sur une fine lame basale. Hyalinisation périphérique du vitellus. Le noyau est nettement visible en position centrale.

Stade C. Migration du noyau vers la périphérie et fusion complète des granules vitellins. Formation des gouttelettes lipidiques.

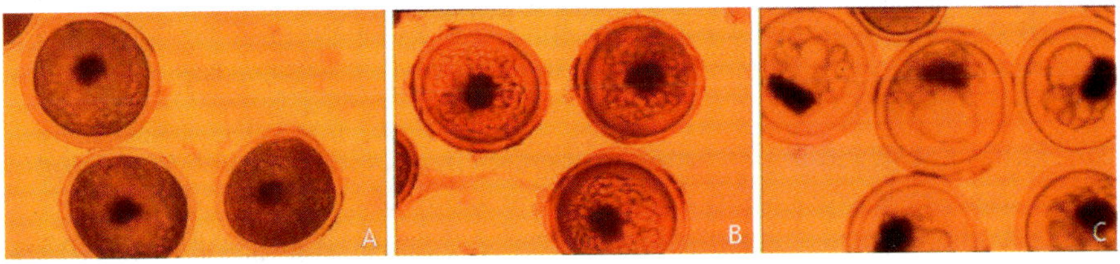

Photo 10. Ovocyte au stade du noyau en migration. De gauche à droite, stades A, B et C (d'après Fauvel et Suquet, 1998a).

Hydratation (H). Alors que les précédentes phases d'ovogenèse sont progressives, l'hydratation est un phénomène extrêmement rapide, caractérisé par un accroissement très rapide du volume (diamètre ovocytaire de 0,9 à 1,1 mm) et une dissolution des globules vitellins qui rend les ovocytes translucides. Durant ce stade, la maturation ovocytaire intervient également, elle correspond à la disparition des enveloppes nucléaires et à l'individualisation des chromosomes précédant la reprise de méiose. Ce stade précède immédiatement la ponte.

Atrésie (A, ***photo 11*****).** Dégénérescence des structures internes de l'ovocyte.

Photo 11. Ovocyte au stade d'atrésie (© Ifremer Martinique).

Chez le mâle, la spermatogenèse n'a pas fait l'objet d'études histologiques. L'indicateur de maturation utilisé est le niveau de fluence obtenu par pression abdominale: 0 pour l'absence de fluence, 1 pour l'observation d'une goutte, 2 pour l'obtention d'un filet continu. Ce paramètre est beaucoup moins élaboré que dans le cas de la femelle mais il suffit à suivre l'état de maturité des mâles en routine et permet de dire que la période de spermiation couvre très largement la période de ponte des femelles. D'autres paramètres peuvent être utilisés pour quantifier le niveau de qualité d'une semence comme la concentration spermatique et la motilité qui seront abordés plus loin. Au final, l'indicateur ultime devrait être la capacité de fécondation des ovules au travers du taux de fécondation. Toutefois, ce critère est difficile à utiliser en routine car il nécessite de réaliser une fécondation artificielle pour observer le taux d'ovules fécondé.

Les divisions cellulaires interviennent plus rapidement chez les poissons tropicaux que chez les espèces tempérées. Ainsi, la lecture du taux de fécondation doit se faire chez l'ombrine moins d'une heure après la fécondation pour pouvoir observer un stade à 4, 8, voire 16 cellules. Par la suite, les divisions successives rendent difficiles cette évaluation.

Enfin, l'observation de biopsie ovarienne chez la femelle ou de spermiation chez le mâle est le seul moyen de sexer les poissons. Il n'existe pas de caractère sexuel secondaire externe permettant de déterminer le sexe par simple observation visuelle.

Maturation des reproducteurs

Dans son milieu naturel d'origine, l'ombrine se reproduit à l'automne lorsque la température et la photopériode sont en phase descendante (cf. chapitre 1, *Reproduction dans le milieu naturel,* p. 15). La reproduction de nombreux poissons d'intérêt aquacole est régie par les paramètres environnementaux. La température et la photopériode sont deux des plus importants pour la maturation des poissons. Certains suivent ce schéma et pondent en tout début (bar européen par exemple) ou en fin (cas du maigre) de phase ascendante. Ces deux facteurs interviennent en amont de l'axe gonadotrope (système nerveux central, hypothalamus et hypophyse ; *figure 11*).

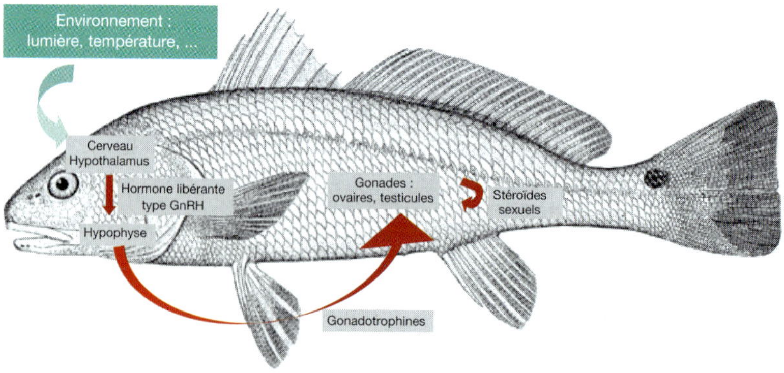

Figure 11. Schéma simplifié de la chaîne physiologique régissant la gamétogenèse chez l'ombrine.

Les hormones endogènes intervenant le long de cet axe sont :
• les gonadolibérines ou hormones libérantes (*Releasing Hormon*) GnRH qui sont des décapeptides émis par le système nerveux central (cerveau et hypothalamus) ont pour cible l'hypophyse ;
• les gonadotrophines (GtH) qui sont des glycoprotéines émises par l'hypophyse sous contrôle hypothalamique, elles ont pour cible les gonades où elles déclenchent à leur tour la production d'hormones stéroïdiennes sexuelles ;
• les stéroïdes sexuels (androgènes, oestrogènes, progestagènes) qui interviennent directement au niveau de la maturation gonadique et de l'émission des gamètes.

Les premiers travaux américains sur le contrôle de la reproduction de l'ombrine dans les années 80 (Arnold *et al.*, 1979 ; Roberts *et al.*, 1978) correspondent à une période où des signes tangibles de surexploitation de la ressource apparaissaient et ces travaux avaient déjà pour but un soutien des stocks naturels par des opérations de repeuplement. Ils se basaient sur un contrôle de la température et la photopériode inspirée des conditions que rencontre l'espèce dans le milieu naturel mais selon un régime accéléré de 120 jours. L'utilisation de cycles de température et de photopériode raccourcis dans le temps était la méthode la plus utilisée à cette époque. Cette méthode était sensée permettre d'obtenir des saisons de pontes tous les six à huit mois au lieu de douze mais aucune étude n'a été entreprise pour évaluer son efficacité sur les mêmes individus durant plusieurs années successives. L'amplitude thermique était de 30 °C à 15 °C et la photopériode variait entre 15 et 10 heures de lumière ou 14 et 9 selon les cas. Le contrôle de l'environnement et, plus particulièrement, de la température et de la photopériode, a permis à Arnold de maintenir l'activité génitale d'ombrines pendant plusieurs mois en continu.

Ces résultats ont servi de bases aux travaux d'optimisation réalisés en Martinique à partir de 1987 où l'amplitude des variations thermiques a été réduite à 7 °C (30 °C à 23 °C) en conservant 5 heures de variation photopériodique (Soletchnik *et al.*, 1990 ; Goyard *et al.*, 1993a). Cependant, il a été observé un certain nombre d'échecs de maturation sur ces cycles dits « courts » (120 jours) en fonction du moment de l'année où les reproducteurs étaient transférés des cages vers les salles de reproduction. Dans le même temps, la gamétogenèse d'animaux soumis à des cycles plus longs (180 jours) ne subissait pas ces aléas. À l'analyse, on a pu se rendre compte que les ombrines adultes répondaient aux stimuli générés par les conditions environnementales naturelles tropicales de la Martinique, aussi ténus soient-ils. Goyard *et al.* obtiennent ainsi en 1993 des pontes d'ombrine viables suite à des injections hormonales de reproducteurs en conditions naturelles. Plus tard, des pontes spontanées sont obtenues à partir de reproducteurs maintenus dans les mêmes conditions (Falguière et Blouin, 1997 ; Parfouru et Fauvel, 1997). Récemment, le suivi de reproducteurs maintenus en conditions naturelles a permis de montrer qu'ils suivaient une évolution en tous points similaire à ceux conditionnés artificiellement et avec des performances de ponte très voisines en termes de taux de fécondation, de taux d'éclosion et de fécondité moyenne des femelles (Falguière, 2008). Finalement, il s'avère que le succès ou l'échec des cycles courts utilisés à l'époque peut s'expliquer par l'influence des conditions naturelles sur l'état de maturité des poissons avant leur transfert dans les bacs de maturation. Selon que les poissons ont ou non bénéficié d'un repos sexuel préalable en cages, le cycle court permettra ou non d'induire la maturation et la ponte.

Par ailleurs, des ombrines maintenues en bac thermorégulé, à température constante et sous contrôle uniquement photopériodique, présentent une maturation tout à fait satisfaisante. Il a été conclu que la photopériode est le facteur principal déclenchant de la gamétogenèse sur des femelles en repos sexuel dans les conditions de températures locales (Gardes *et al.*, 2000). L'évolution des protocoles d'induction de la maturation est illustrée dans la *figure 12*.

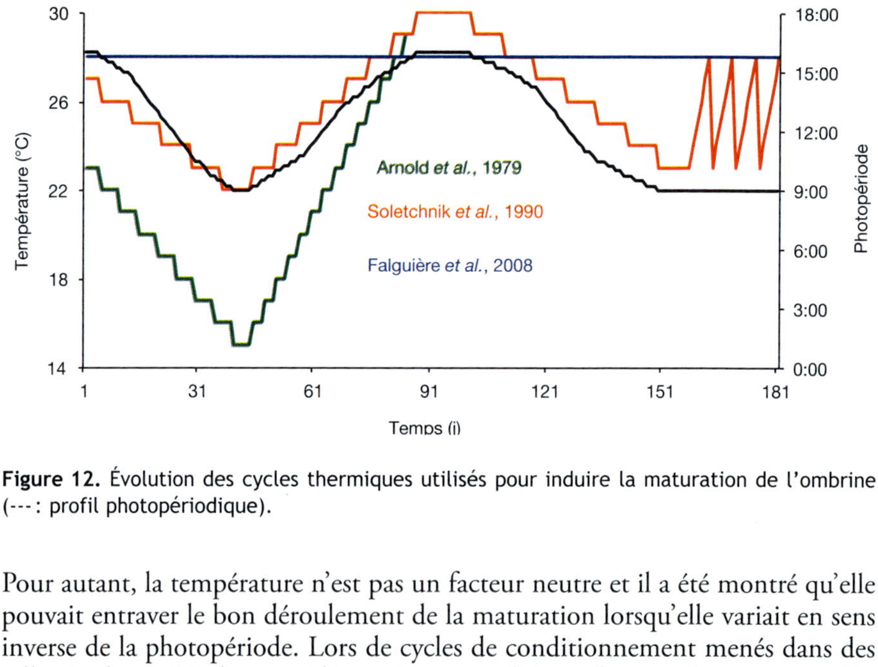

Figure 12. Évolution des cycles thermiques utilisés pour induire la maturation de l'ombrine (--- : profil photopériodique).

Pour autant, la température n'est pas un facteur neutre et il a été montré qu'elle pouvait entraver le bon déroulement de la maturation lorsqu'elle variait en sens inverse de la photopériode. Lors de cycles de conditionnement menés dans des salles à photopériode contrôlée mais en conditions de température naturelle, une augmentation même modérée de la température (26 °C à 29 °C) pendant la baisse de la photopériode provoquait des mauvaises maturations chez les femelles, particulièrement lorsque ces effets antagonistes interviennent durant la vitellogenèse. Le système nerveux des poissons reçoit deux signaux contradictoires de l'environnement, susceptibles de perturber la cascade hormonale responsable de la maturation des gamètes femelles. Le maintien d'une température constante pendant la maturation a permis de multiplier par 2,5 la viabilité moyenne des pontes et par 1,8 le taux d'éclosion moyen (*figure 13*).

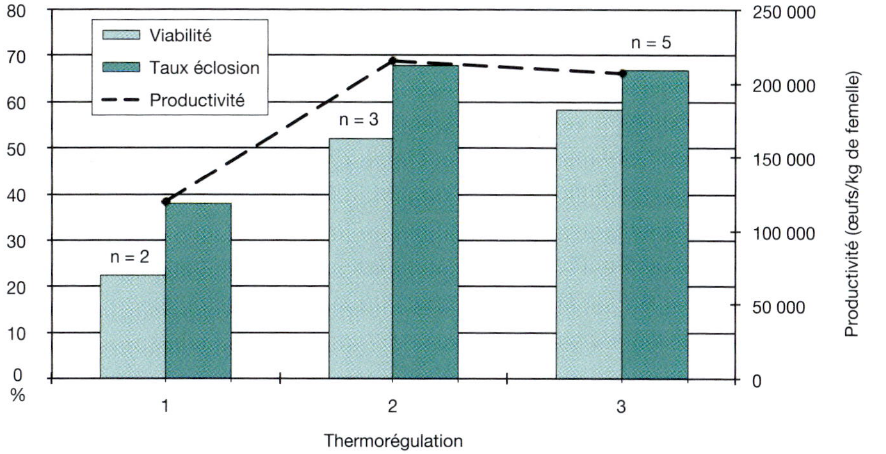

Figure 13. Effet de la stabilité de la température sur les performances de reproduction de l'ombrine sous contrôle photopériodique (1 : sans thermorégulation ; 2 et 3 : avec).

Depuis lors, les protocoles utilisés à l'Ifremer en Martinique sont basés sur un maintien de la température à 28 °C tout au long de l'année et un cycle photopériodique de type 16 : 9 (*figure 14*). Contrairement à ce qui passait auparavant, les cycles sont programmés selon un rythme annuel de manière à respecter une vitesse d'évolution de la maturation plus conforme à ce que le poisson subit dans son milieu naturel. Les salles de reproduction fonctionnent en circuit fermé (filtration mécanique et biologique), sous stérilisation UV à 200 mJ/cm^2 et avec thermorégulation par groupe froid réversible. Dans ces conditions de contrôle, les saisons de ponte durent deux à trois mois. Il nous est même arrivé de pouvoir les prolonger de deux mois.

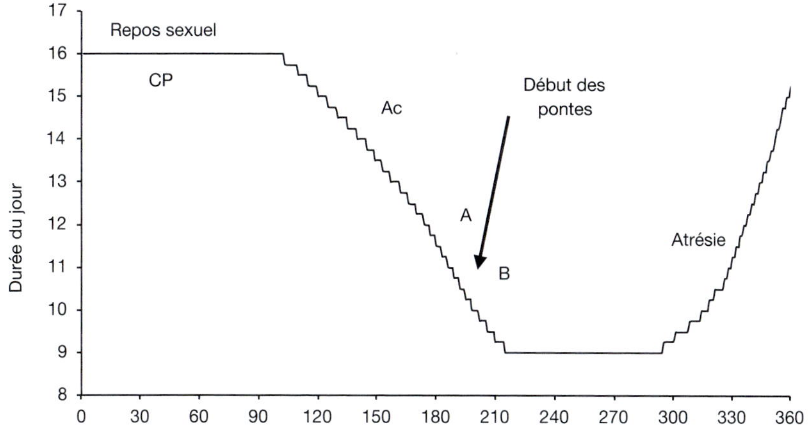

Figure 14. Évolution schématisée du stade de maturité sexuelle des femelles en fonction de la photopériode en conditions standards à l'Ifremer Martinique.

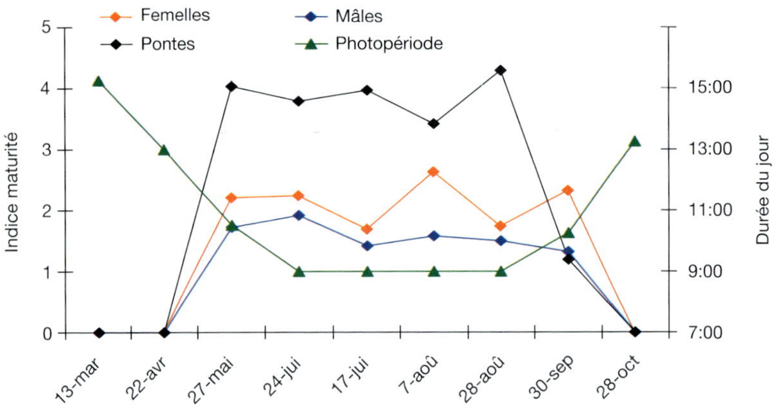

Figure 15. Exemple d'évolution des principales caractéristiques d'une saison de ponte d'ombrine en conditions standards à l'Ifremer Martinique.

La *figure 15* et le *tableau 8* présentent une synthèse de l'évolution classique d'un cycle de conditionnement et des résultats obtenus. Les indices femelle et mâle correspondent à la moyenne des états de maturité observés, 0 à 5 pour les femelles (CP/Ac/GV/A/B/C), 0 à 2 pour les mâles (spermiant 0/1/2). L'organisation pratique des infrastructures de reproduction à l'Ifremer Martinique est schématisée dans la *figure 16* et se base sur un cycle photopériodique identique pour chaque salle mais décalé dans le temps de manière à obtenir trois saisons de ponte, survenant à la même période chaque année.

Tableau 8. Caractéristiques moyennes d'un cycle de reproduction d'ombrine en conditions standards à l'Ifremer Martinique.

Conditions d'élevage	
Volume du bac	13 m³
Biomasse	< 10 kg/m³
Sex ratio	2 : 1 femelles/mâle
Régime thermique	28 °C constants
Régime photopériodique	16 : 9 heures de lumière (maxi – mini)
Alimentation	0,5 % par jour de granulé (45/12)
Saison de ponte	
Durée	122 jours
Nombre de pontes	65 pontes
Fréquence de ponte	1,87 jour entre ponte
Production d'œufs	11 600 000 œufs
Performances	
Fécondité	251 000 œuf/kg de femelle
Viabilité	65,2 %
Éclosion	71,6 %
Obtention de 1re ponte spontanée	
Indice maturité femelle	2,56 (± 0,358)
Photopériode	10 h 43 (± 0 h 21)

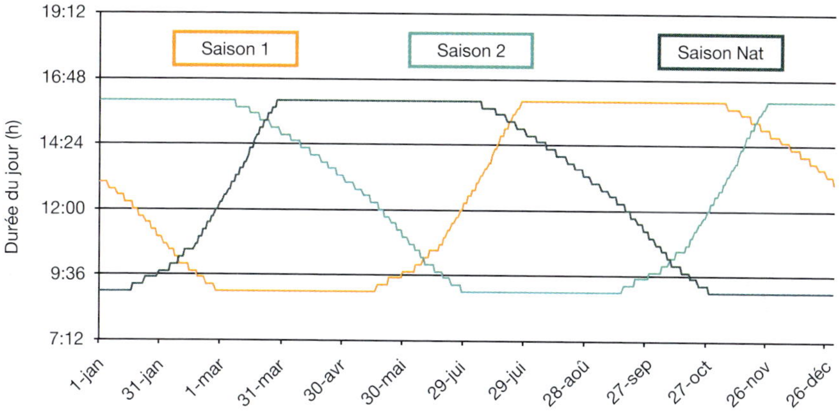

Figure 16. Organisation des saisons de ponte de l'ombrine à l'Ifremer Martinique.

> **L'induction de la maturation**
>
> Elle est à présent bien maîtrisée et les facteurs d'influence (température, photopériode) sont bien cernés. Les protocoles de reproduction en captivité sont ainsi validés dans différents environnements, y compris pour désaisonnaliser la période de ponte. Le recours aux biopsies ovariennes et la mise au point d'une grille d'évaluation qualitative des ovocytes permettent d'effectuer un suivi précis de l'évolution de la maturation des femelles.

Obtention des pontes

Pontes en condition d'élevage communal

Lors d'un conditionnement des reproducteurs comme celui décrit ci-dessus, la ponte intervient généralement de manière spontanée, lorsque les poissons se trouvent dans les conditions environnementales adéquates. Le comportement reproducteur observé au laboratoire (Guest et Lasswell, 1978 ; Mercer, 1984) indique que, dans les heures précédant la ponte, les mâles prennent une coloration argentée sur le ventre et bleu noir sur le dos. Durant la parade nuptiale, les mâles nagent à proximité de la femelle en lui tapotant la zone uro-génitale avec le museau et en émettant des sons avec leur vessie natatoire selon une fréquence qui s'intensifie jusqu'à l'expulsion des ovules par la femelle. Lorsque la ponte intervient, une à quatre heures après le coucher du soleil, le mâle relâche son sperme en pleine eau pour une fécondation externe qui dure environ 30 secondes. Après la ponte, les sons reprennent en s'espaçant.

Notons que chez un autre sciaenidé, le maigre *Argyrosomus régius*, Lagardère et Mariani (2006) enregistrent deux types de sons et suggèrent que les sons longs correspondent à un appel pour former une agrégation d'adultes en vue de la reproduction et que les sons courts ne sont émis que durant la parade nuptiale.

Les œufs ainsi émis et fécondés dans la masse d'eau mesurent environ 1 mm de diamètre. Leur faible densité leur permet de flotter. On peut alors les récolter dans un collecteur en maille plastique de 500 à 1 000 µm qui récupère l'eau de surface du bassin par surverse (*photo 12*).

Photo 12. Collecteur d'œufs récupérant l'eau de surface du bac de reproduction (© Ifremer Martinique).

Au petit matin, les œufs pondus sont observés et dénombrés par comptage volumétrique. La ponte est placée dans un récipient de volume connu d'eau de mer à 35-40 ‰ et homogénéisée par un fort bullage. Deux à trois prélèvements aléatoires de 1 ml sont observés sous loupe binoculaire dans une plaque alvéolée de type cuve de Dolfuss. Les œufs embryonnés ou non sont comptabilisés ce qui permet d'évaluer la quantité d'œufs récoltée et le taux de viabilité. Après décantation sans bullage, les œufs flottants sont récupérés et évalués à l'aide du même protocole. Lors de cette deuxième étape, les œufs au développement embryonnaire satisfaisant sont distingués des œufs renfermant des larves présentant des malformations.

Depuis 2004 et la standardisation des protocoles de conditionnement à l'Ifremer Martinique, il a été observé que les premières pontes de la saison intervenaient spontanément quand la photopériode décroissante approche 10 h 45 de durée de jour (variabilité ± 20 min.). Cependant, il est possible de déclencher la ponte à un moment donné pour des questions pratiques (lancement d'un élevage larvaire ou expédition d'œufs à date fixe par exemple) par une induction environnementale ou hormonale grâce à des techniques qui seront détaillées plus loin.

La fécondité de l'espèce est estimée lors d'une reproduction en bassin commun, en rapportant la quantité d'œufs récoltée pendant une saison de ponte à la biomasse totale des femelles dans le bac. Elle s'exprime en nombre d'œufs par kilogramme de femelle et par saison. Cependant, il est difficile d'obtenir une valeur de fécondité précise puisque les œufs récoltés proviennent d'un lot de plusieurs géniteurs en conditionnement et qu'on ne peut pas déterminer combien d'individus ont réellement participé à la production d'œufs. Ainsi, dans la plupart des études, on relève une fécondité de l'ordre de 200 000 à 300 000 œufs/kg. Mais cette valeur est sûrement plus importante comme l'ont mentionné d'autres auteurs qui rapportent des chiffres de 700 000 œufs/kg de femelle (Falguière et Blouin, 1997), voire 800 000 à 1 000 000 d'œufs (Soletchnik *et al.*, 1990).

D'ailleurs, il est arrivé que l'on obtienne des pontes successives atteignant entre 1 et 2 millions d'œufs à partir d'un couple isolé, soit 200 000 à 400 000 œufs/kg de femelle et par acte de ponte. On peut citer aussi l'exemple d'une femelle qui, isolée en bac de ponte avec un mâle, a pondu en l'espace de deux semaines un total de 4,9 millions d'œufs avec une viabilité de 89,8 % et un taux d'éclosion de 89,0 %. Sur cette période, cela correspond à une productivité de plus de 730 000 œufs/kg, ce qui suggère que la fécondité réelle de l'espèce devrait se situer plutôt autour de 1 million d'œufs/kg sur l'ensemble d'une saison.

Pour ces mêmes raisons, il est difficile de savoir avec précision l'intervalle de temps qui sépare deux pontes chez une même femelle. Gardes *et al.* (2000), dans des expériences d'induction hormonale de la ponte, ont mis en évidence un potentiel de restimulation de la même femelle après un intervalle de temps minimal de deux à trois semaines. On a ainsi pensé pendant longtemps que l'ordre de grandeur séparant deux pontes d'une même femelle devait se situer dans cette gamme de temps, d'autant que les suivis de développement ovocytaire effectués en routine sur des biopsies ovariennes montraient que c'était le temps nécessaire à une femelle pour recouvrer un stade final de maturation (stade migration du noyau) une fois une ponte émise.

Pourtant, il a été montré à l'Ifremer Martinique en 2009 et 2010 que lorsqu'on place une femelle accompagnée d'un ou de plusieurs mâles, celle-ci est capable de pondre jusqu'à 4 jours consécutifs; l'une d'elle a même pondu 7 fois en 13 jours. Ce résultat a été confirmé par des travaux réalisés par une équipe américaine (Gold *et al.*, 2010) sur deux bacs de reproduction contenant chacun 3 femelles et 2 mâles. Dans ces travaux, des analyses génétiques et des assignations de parenté effectuées sur chaque ponte émise ont permis de déterminer quels individus participaient à chaque reproduction et ont montré que l'intervalle de temps entre deux pontes d'une même femelle était variable (*figure 17*). Ces résultats montrent qu'une femelle émet une série de pontes successives espacées de 1 à 2 jours et que ces séries sont espacées de 10 à 20 jours.

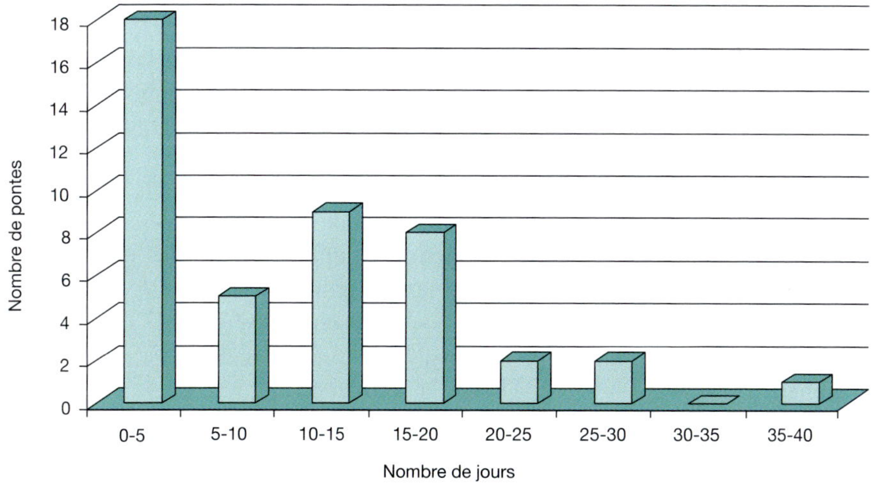

Figure 17. Intervalle de temps séparant deux pontes successives chez une même femelle (d'après données issues de Gold *et al.*, 2010).

Par ailleurs, dans ces conditions de reproduction en bac communal renfermant 3 femelles et 2 mâles, plusieurs travaux de la même équipe américaine se sont intéressés à la participation de chaque reproducteur aux pontes récoltées. Ma *et al.* (2007) rapportent ainsi une participation moyenne de 1,4 femelle et 1,1 mâle. Gold *et al.* (2008) annoncent 1,46 femelle et 1,85 mâle tandis qu'en 2010, ils obtiennent 1,65 et 1,04 femelle pour 1,95 et 1,91 mâle, respectivement dans 2 bacs différents. Enfin, la participation des différents reproducteurs n'est pas équivalente comme le montre le *tableau 9*. Dans ces conditions, la participation des mâles est quasi systématique et relativement équilibrée (90 à 95 % des pontes). Par contre, les femelles participent de manière plus déséquilibrée, l'une d'elle n'ayant même jamais participé durant les 4,5 mois de la période de ponte. Sur l'ensemble de ces travaux, les pontes obtenues mettent en évidence la participation de 1,38 femelle et 1,70 mâle en moyenne.

À l'Ifremer Martinique sur un plus grand nombre de reproducteurs (14 femelles et 8 mâles), Falguière (2006) mentionne une moyenne de 1,75 femelle et 2,5 mâles grâce à des assignations de parenté réalisées à l'aide d'un autre jeu de marqueurs.

Tableau 9. Participation de chaque reproducteur à l'ensemble des pontes émises dans deux bassins contenant chacun 3 femelles et 2 mâles (d'après Gold *et al.*, 2010).

Femelles						
Bac 1 %	1 19	2 92	3 54	3 ensemble 11	2 ensemble 42	1 seule 46
Bac 2 %	4 91	5 0	6 14	3 ensemble 0	2 ensemble 9	1 seule 91
Mâles						
Bac 1 %	1 96	2 92			2 ensemble 89	1 seul 11
Bac 2 %	3 91	4 95			2 ensemble 86	1 seul 14

D'autre part, Saillant *et al.* (2007) obtiennent 35 événements de reproduction issus de 20 bacs de pontes (3 femelles et 2 mâles dans chaque bac). Une fois les œufs éclos, les larves ont ensuite été mélangées et élevées en commun. Les assignations de parenté réalisées sur un échantillon d'individus âgés de 9 à 10 mois montrent que certains reproducteurs ne sont plus représentés. Ce résultat témoigne soit d'une mortalité différentielle importante entre les individus issus des différentes pontes originelles, soit d'une participation minime de certains parents.

L'ensemble de ces éléments démontre clairement qu'en condition de reproduction communale, plusieurs femelles et plusieurs mâles participent à la fécondation mais d'une manière déséquilibrée et difficilement prévisible. Compte tenu du manque de maîtrise de la fécondation artificielle, cette information doit être prise en compte lorsqu'il s'agit d'élaborer des plans d'accouplement destinés à gérer la diversité génétique des stocks de reproducteur. En effet, il est important de pouvoir impliquer un grand nombre de reproducteurs différents lorsqu'on souhaite conserver un maximum de variabilité génétique dans le stock. L'utilisation de pontes spontanées en bac de ponte renfermant des petits factoriels de ce type permet de majorer le nombre de reproducteurs participant aux événements de ponte mais ne permet pas de garantir une traçabilité de la généalogie.

Pontes en condition d'élevage communal

Pour conclure, ces éléments mettent bien en évidence les effets de la reproduction en condition communale. Dans un lot de géniteurs en reproduction, tous ne participent pas de manière équivalente. Il existe des grandes disparités entre la participation de chaque femelle. Les mâles participent de manière plus uniforme à la fécondation des pontes. En moyenne, une ponte est constituée d'œufs émis par une à deux femelles et fécondés par deux à trois mâles selon les effectifs de reproducteurs présents dans le bac. Il a été démontré que la fécondité peut atteindre près d'un million d'œufs par kilo de femelles sur une saison.

Induction de la ponte par les facteurs environnementaux

L'ombrine est une espèce qui répond très bien aux stimuli environnementaux comme on l'a vu plus haut. Ainsi, dès lors que les femelles présentent une maturité correspondant à des stades de noyau en migration (stades B, C) et que les mâles sont spermiants, un stress d'intensité modérée est susceptible de déclencher le comportement reproducteur et l'émission des gamètes. Par exemple, les travaux américains ont montré qu'en fin de vitellogenèse lorsque la température était à son niveau bas, une remontée de celle-ci de 1 °C par jour de 23 °C à 28 °C déclenchait des pontes spontanées dans le bassin communal (Arnold *et al.*, 1979). Cette technique a été utilisée avec succès aussi en Martinique dans des conditions très similaires (Soletchnik *et al.*, 1990 ; Goyard *et al.*, 1993a). On peut même évoquer de nombreux exemples où la ponte a été obtenue à la suite d'un incident technique ou d'une manipulation des poissons.

Cette technique empirique est encore fréquemment employée aujourd'hui et présente l'avantage de déclencher le comportement de reproduction de manière naturelle, en intervenant en amont de l'axe gonadotrope sans avoir recours à des succédanés hormonaux. Dans cette configuration, la ponte survient généralement durant la deuxième nuit suivant le stress, soit environ 36 heures après, et sa qualité est tout à fait conforme à ce que l'on obtient avec des pontes spontanées. Ainsi, pendant les sept dernières saisons de ponte réalisées à l'Ifremer Martinique entre 2007 et 2010, 28 interventions (généralement il s'agit de biométrie des individus) ont été effectuées sur le cheptel de reproducteurs en bac communal (10 femelles en moyenne) qui ont donné lieu dans tous les cas à un événement de ponte.

Par ailleurs, à la suite d'un stimulus de ce type, il est possible d'isoler dans un bac de ponte un lot composé d'une femelle et d'un ou deux mâles sélectionnés en fonction de leur état de maturation (stade migration du noyau pour les femelles, stade spermiant pour les mâles), de manière à obtenir des pontes d'individus préalablement identifiés. Nous manquons toutefois de recul sur cette technique, notamment sur ce que l'on peut qualifier de stress « modéré ». En effet, il a été également constaté que cette technique peut s'avérer infructueuse ou donner une émission d'œufs non viables lorsque le stress est trop intense et/ou trop long. Au bilan des essais réalisés dans ces conditions entre 2004 et 2010, ce stimulus a provoqué 26 pontes sur 56 tentatives avec production de larves viables dans 80,8 % de ces cas, soit un taux de réussite de 37,5 %. Notons que les essais réalisés en bac de ponte de plus petite capacité ont aussi conduit à des pontes mais que celles-ci présentaient une faible viabilité, ce qui pose des questions comportementales qui seront abordées dans le chapitre suivant.

Induction de la ponte par induction hormonale

L'autre technique utilisée chez les poissons marins consiste en l'induction hormonale qui permet d'intervenir sur la physiologie de la femelle au niveau de la cascade hormonale de l'axe gonadotrope (*figure 18*). Plusieurs types d'hormones sont utilisables :

- des gonadotrophines exogènes : extraits bruts d'hypophyse de poisson, gonadotrophine chorionique humaine HCG qui interviennent directement au niveau des gonades et qui sont de moins en moins utilisées ;
- des hormones libérantes (gonadolibérines) comme la LHRH et ses analogues qui interviennent au niveau de la liaison entre hypothalamus et hypophyse. Ils stimulent la production d'une gonadotrophine endogène par l'hypophyse, qui va elle-même agir sur la gonade.

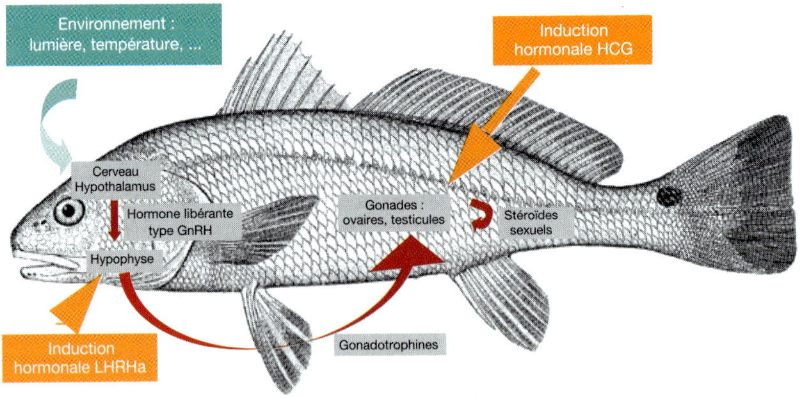

Figure 18. Schéma simplifié du processus de stimulation pour le déclenchement de la ponte par la voie hormonale chez l'ombrine.

C'est ce dernier type d'hormone qui est utilisé le plus couramment dans l'aquaculture moderne sur de nombreuses espèces de poissons, soit sous forme de solution diluée de l'hormone, soit sous forme d'implant qui relargue l'hormone régulièrement pendant une durée de l'ordre de 30 jours.

Colura (1987) mentionne l'utilisation de HCG chez l'ombrine, mais ce sont Thomas et Boyd (1988) qui ont utilisé les premiers des injections d'analogue de LHRH à des doses de 100 µg/kg de poids vif pour obtenir des pontes d'un bon niveau de viabilité. En 1995, Thomas *et al.* ont précisé ces résultats en travaillant sur des femelles présentant des diamètres ovocytaires supérieurs à 600 µm, et ont obtenu des pontes 30 h à 35 h après l'injection, à la tombée de la nuit comme dans le milieu naturel, et même dans certains cas, des pontes surnuméraires le jour suivant. En Martinique, Goyard *et al.* (1993a) ont travaillé avec la même hormone et aux mêmes doses sur des femelles présentant des diamètres ovocytaires supérieurs à 650 µm. Ils ont obtenu un temps de réponse à l'hormone compris entre 26 h et 40 h. L'injection est réalisée dans la zone intramusculaire à la base postérieure de la nageoire dorsale de la femelle (*photo 13*).

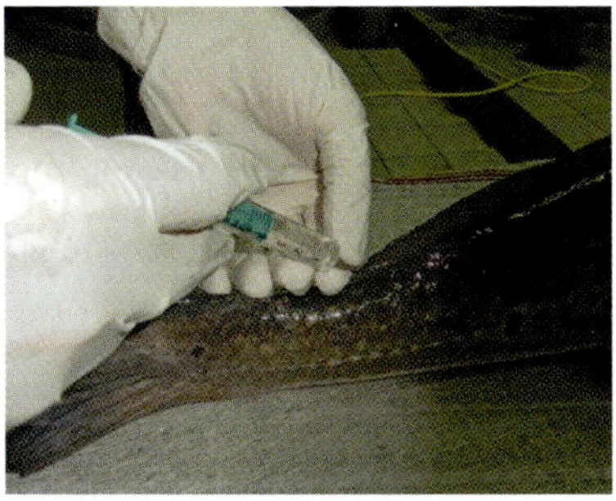

Photo 13. Injection hormonale chez une femelle d'ombrine (© Ifremer Martinique).

En 2000, Gardes *et al.* ont étudié en Martinique l'influence de différents facteurs sur les performances de ponte obtenues suite à des injections de LHRHa sur des femelles placées en couple avec un mâle dans des bacs d'induction de 2 mètres cubes:

- la dose injectée, 20 ou 50 µg/kg de poids vif de femelle;
- le stade ovocytaire à l'injection;
- l'homogénéité de la biopsie ovarienne, critère correspondant à la représentativité du stade le plus avancé dans l'échantillon d'ovocyte observé.

Il indique que les pontes ont été obtenues systématiquement pendant la phase diurne, dans une gamme de temps allant de 21 h à 34 h après injection et avec une très forte variabilité de performances (*tableau 10*). L'analyse multivariée de ces résultats a fait apparaître les facteurs d'influence et il a été ainsi montré que les meilleurs résultats étaient obtenus pour une dose de 20 µg/kg de poids vif de femelle, le dernier stade de développement ovocytaire (stade C) et une forte homogénéité ovarienne.

Il a par ailleurs été montré qu'un potentiel de restimulation existait et qu'une même femelle pouvait subir une deuxième injection hormonale et donner des pontes de performances non différentes de celles obtenues lors de la première injection. Une seconde stimulation hormonale de la femelle peut être appliquée après un délai minimal d'attente de 15 jours.

Tableau 10. Performances de pontes obtenues lors de stimulations hormonales chez l'ombrine (d'après Gardes *et al.*, 1998).

	Moyenne	Écart type	Extrêmes
Temps de réponse à l'hormone (h:mn)	27:06	3:54	21 – 34
Volume ponte (Nbre œufs)	230 900	145 200	16 400 – 701 700
Quantité (Nbre œufs/ml)	822	182	364 – 1 202
Diamètre moyen des œufs (µm)	853	33	775 – 900
Taux fécondation (%)	27,3	27,0	0 – 80,4
Taux d'éclosion (%)	28,1	27,3	0 – 80,8
Œufs à 1 globule lipidique (%)	82,5	15,3	48 – 100
Mortalité des larves à 6 j (%)	54,9	43,6	3,5 – 100

Entre 2004 et 2006, une trentaine d'essais réalisés à l'Ifremer Martinique dans des conditions proches ont abouti à des conclusions similaires (Falguière, 2008) : survenue de la ponte en période diurne, émission d'œufs dans tous les cas, temps de réponse à l'hormone allant de 22 h à plus de 30 h après injection, taux de viabilité moyen des œufs de 13,1 %, taux d'éclosion moyen de 32,2 %. Au final, 32,3 % des femelles injectées donnent des larves viables.

Ces résultats confirment que, dans ces conditions, on obtient des performances inférieures à ce qui est obtenu sur des pontes spontanées en bac communal. Les hypothèses émises pour expliquer ce déficit de performance portent sur des effets liés au comportement d'accouplement. Par exemple, en condition naturelle la femelle émet ses œufs dans l'obscurité quelques heures après la tombée du jour alors que l'injection hormonale conduit à une ponte durant la journée, ce qui peut générer des conflits de stimulus entre hormone et luminosité. Notons toutefois que la mise à l'obscurité des bacs de ponte de deux mètres cubes n'a pas donné de résultats concluants.

Par ailleurs, un volume insuffisant des bacs pourrait gêner le déroulement de la parade nuptiale telle qu'elle est observée dans la nature ou dans des bacs de plus grand volume. C'est ainsi que les derniers essais réalisés en 2011 en bac de ponte de six mètres cubes ont permis d'améliorer les résultats avec des taux de viabilité et d'éclosion moyens respectivement de 18,8 % et 60,9 % (contre 13,1 % et 32,2 % précédemment) avec une fenêtre de réponse à l'hormone plus étroite (23 h à 26 h contre 22 h à 30 h). Dans ces essais, on a obtenu des larves viables dans cinq cas sur six, soit un taux de réussite largement supérieur aux 32,3 % enregistrés en bac de deux mètres cubes.

Induction des pontes

La stimulation des femelles par induction environnementale ou hormonale fonctionne de manière satisfaisante lorsque cette technique est utilisée sur des femelles qui sont replacées ensuite en condition communale. Dans ce cas, la ponte intervient durant le début de la période nocturne du lendemain, soit 30 à 36 heures plus tard, et sa qualité est conforme à ce qu'on observe sur les pontes spontanées.

Lorsque l'induction hormonale est utilisée sur une femelle couplée avec un mâle, on constate que la ponte intervient, le plus souvent, en période diurne avec un temps de réponse et une qualité beaucoup plus variables. Les derniers résultats montrent que pour améliorer les performances, il est nécessaire de maintenir un volume vital minimal durant la parade nuptiale qui précède la ponte, voire de maintenir les reproducteurs dans l'obscurité.

Fécondation artificielle

La reproduction artificielle consiste à contrôler la fécondation de manière manuelle en mettant en contact les gamètes femelles (ovules) et mâles (spermatozoïdes) dans un récipient. Cette technique est utile, voire nécessaire, dans certains cas de figure:

- pour réaliser des plans d'accouplement à partir d'un nombre important de parents utilisés simultanément;
- lorsque l'on souhaite utiliser du sperme cryoconservé;
- pour limiter la taille des stocks de reproducteurs grâce à la constitution de banques de sperme;
- afin de programmer les élevages larvaires à un moment précis;
- en cytogénétique pour la production de triploïdes ou dans le cadre de travaux sur le clonage, les protocoles d'induction s'appliquant quelques instants seulement après la fécondation;
- pour la réalisation d'hybrides par fécondation entre espèces n'ayant pas la même saison de ponte.

Le protocole qui permet d'obtenir des œufs fécondés avec un développement embryonnaire satisfaisant sous-entend:

- un contrôle du déclenchement de la ponte (voir chapitre précédent);
- une connaissance du timing des phénomènes d'ovulation (libération des ovocytes de leur gangue de cellules folliculaires) et d'oviposition (expulsion des ovules dans le milieu extérieur) chez la femelle;
- une maîtrise de la technique de récupération de la semence et de sa conservation;
- la détermination des proportions à respecter entre les quantités d'ovule, de semence et d'activateur (eau de mer dans le cas des espèces marines).

Les connaissances acquises sur la reproduction de l'ombrine fournissent les bases suffisantes pour décrire les phases de l'ovogenèse et pour qualifier le sperme dans le but d'adapter de façon rationnelle les protocoles de fécondation mis au point chez d'autres espèces. En effet, une telle démarche a été développée chez le bar par exemple (Fauvel *et al.*, 1998a; Fauvel *et al.*, 1999), ce qui a permis la maîtrise de plans de fécondation impliquant un grand nombre de reproducteurs et l'obtention de descendance de multiples familles simultanément, jusqu'à 2200 familles de plein et demi-frères chez cette espèce.

Chez l'ombrine, peu de références se rapportent à la mise au point de la fécondation artificielle même si quelques auteurs l'évoquent sans précision particulière sur le protocole utilisé (Colura, 1987 ; Henderson-Arzapalo, 1992). En Martinique, les premiers travaux (Gardes *et al.*, 2000) ont mis en évidence que la femelle ombrine relâchait ses œufs spontanément lorsqu'elle était isolée dans un bac de ponte suite à une stimulation hormonale. Par ailleurs, le délai entre l'injection hormonale et l'oviposition s'est avéré là aussi extrêmement variable et la surmaturation survient en moins d'une heure (*photo 14*). Sur ces deux points, l'ombrine diffère sensiblement du bar qui, dans les mêmes conditions, n'émet pas ses œufs spontanément et ne surmaturent qu'au bout de 3 heures. Les difficultés rencontrées lors de la collecte des œufs par *stripping* chez la femelle ont ainsi abouti à de mauvais résultats avec des volumes d'œufs et des taux de fécondation extrêmement faibles.

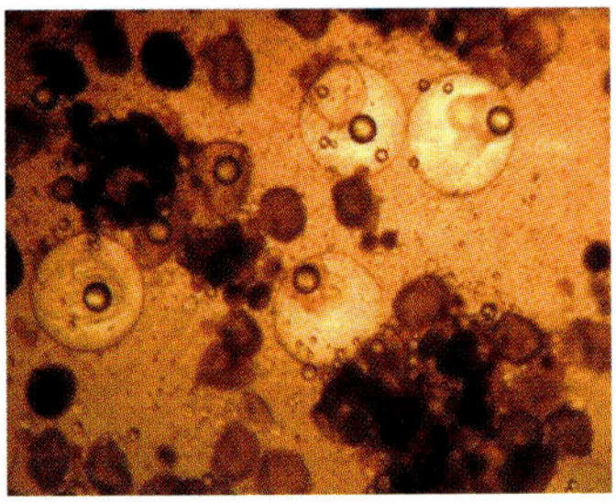

Photo 14. Œufs d'ombrine présentant des caractéristiques de surmaturation (© Aquamay, Delphine Lethimonnier).

Des expériences ultérieures menées par Usache *et al.* (2002) confirment ces difficultés spécifiques de l'ombrine, particulièrement les problèmes liés à la cinétique de développement de l'ovocyte qui conduit à une imprécision sur le timing de prélèvement des œufs. Sur sept femelles utilisées, une seule a permis d'obtenir des œufs de bonne qualité avec des taux de fécondation satisfaisants. Cette expérience a mis en évidence une décroissance de la qualité des œufs au cours du temps de 15 % à 20 % par quart d'heure (*figure 19*).

Photo 15. *Stripping* d'une femelle d'ombrine en Martinique (© Ifremer Martinique).

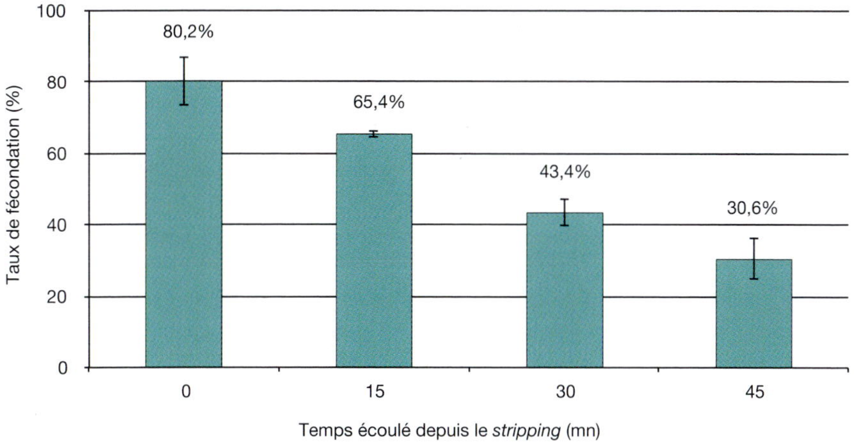

Figure 19. Évolution du taux de fécondation des œufs en fonction du temps écoulé entre la collecte des ovules et leur fécondation (d'après Usache *et al.*, 2002).

Compte tenu des difficultés rencontrées au niveau du *stripping* des femelles, et étant donné que l'ombrine émet spontanément ses œufs, Usache *et al.* rapportent avoir obtenu des résultats satisfaisants en utilisant des ovocytes collectés à la surverse du bac de ponte. Cette technique originale permet de contourner le problème de l'évaluation du moment adéquat pour « stripper » la femelle mais elle induit un délai supplémentaire entre l'émission des ovocytes et la mise en contact avec les gamètes mâles. Dans cet essai, ils rapportent avoir obtenu un taux de fécondation de 47,7 % pour une fécondation quinze minutes après l'émission des ovocytes dans l'eau de mer.

Enfin, dans une dernière série d'expériences réalisée en 2007 à l'Ifremer Martinique, sur trois femelles stimulées par voie hormonale, une ponte a pu être fécondée par du sperme cryocongelé qui a donné un taux d'éclosion de 50 %.

Dans ces expériences, le protocole de fécondation artificielle était inspiré de ceux mis au point pour le bar par Fauvel *et al.* (1999) qui préconisent un ratio de 66 000 spermatozoïdes par ovule au moins. Dans le cas de l'ombrine, ce ratio se situait selon les expériences entre 60 000 et 300 000 spermatozoïdes par ovule, ce qui correspond au protocole suivant : mise en contact de 800 volumes d'œufs et de 1 volume de sperme pur, ajout de 400 volumes d'eau de mer pour l'activation des spermatozoïdes, brassage léger du mélange ; après 5 minutes, ajout de 4 000 volumes d'eau de mer pour permettre l'incubation dans de bonnes conditions, évaluation du taux de fécondation 45 à 60 minutes après fécondation, mise en structure d'incubation.

La reproduction artificielle chez l'ombrine

Elle a fait l'objet de résultats encourageants mais insuffisants pour être considérée comme maîtrisée. Notamment, le déclenchement de la ponte par induction hormonale donne des délais de réponse trop variables. De ce fait, la détermination du moment de l'ovulation est trop imprécise pour obtenir des ovules de qualité suffisante pour être fécondés.

Cryoconservation du sperme

En ce qui concerne la semence, la concentration spermatique s'élève chez l'ombrine à $43{,}6.10^9$ spermatozoïdes par millilitre ± 5.10^9 (Gardes *et al.*, 2000 ; Lethimonnier, 2010) valeur élevée par rapport à d'autres poissons mais comparable à ce qui est mentionné sur le bar 60.10^9 (Fauvel *et al.*, 1999) ; sa motilité est de 2 minutes environ contre 40 secondes chez le bar.

En matière de cryoconservation, Wayman *et al.* (1998) avaient déjà réalisé cette opération sur l'ombrine à partir de prélèvements réalisés sur des testicules de poissons morts. Mais c'est Usache *et al.* (2002) qui ont les premiers décrit un protocole fonctionnel de congélation de la semence sur cette espèce, en s'inspirant de travaux réalisés sur d'autres espèces tempérées, notamment sur le bar par Fauvel *et al.* (1998b).

Le prélèvement de la semence est réalisé de la manière suivante :

- vider la vessie urinaire par pression abdominale ou à l'aide d'une pipelle de Cornier ;
- éponger le tégument autour du gonopore à l'aide de papier absorbant pour éviter tout risque de contact entre la semence, l'eau de mer ou l'urine ;
- presser les flancs du poisson de manière à extraire le sperme ;
- le sperme est collecté à l'aide d'une seringue sans aiguille placée à proximité de l'orifice génital du mâle ;
- tirer le piston de la seringue pour laisser un volume d'air en contact avec la semence dans la seringue.

Notons qu'un *stripping* de ce type ne permet de récupérer au mieux que 10 % environ du sperme intratesticulaire (Fauvel, comm. pers.)

Dans l'attente de son utilisation (fécondation ou congélation), le sperme frais ainsi collecté peut être conservé au réfrigérateur ou sur un lit de glace pendant près de 3 heures sans que sa motilité ne soit altérée (Usache *et al.*, 2002). Divers produits de dilution existent, ils répondent à différents critères selon que l'on souhaite conserver le sperme frais pendant quelques heures ou sous forme congelée. Les spermatozoïdes de poisson marin étant activés par l'eau de mer, ces milieux présentent une pression osmotique faible (environ 300 mOsm/kg) pour que les spermatozoïdes conservent leur pouvoir fécondant. Par ailleurs, lorsqu'il s'agit de congeler la semence, des cryoconservateurs (DMSO dyméthyl-sulfoxide ou éthylène glycol par exemple) sont ajoutés afin de favoriser les transferts d'eau entre milieu intérieur et extérieur. Ils permettent aussi une prise en masse homogène de la cellule et non une cristallisation progressive qui se révèle délétère lors de la descente en température. Notons que ces produits sont toxiques pour les spermatozoïdes. La congélation doit donc intervenir immédiatement après le mélange. Enfin, certains auteurs préconisent l'ajout de protéines, comme le BSA (Albumine sérique bovine) dont le rôle est de protéger la membrane cellulaire, probablement en diminuant l'effet des stress oxydants. Les dilutions généralement utilisées vont de 1/3 à 1/8 selon les usages. Sur l'ombrine, Usache a validé ce protocole en procédant à des tests de motilité et de fécondation avec du sperme congelé par comparaison à du sperme frais.

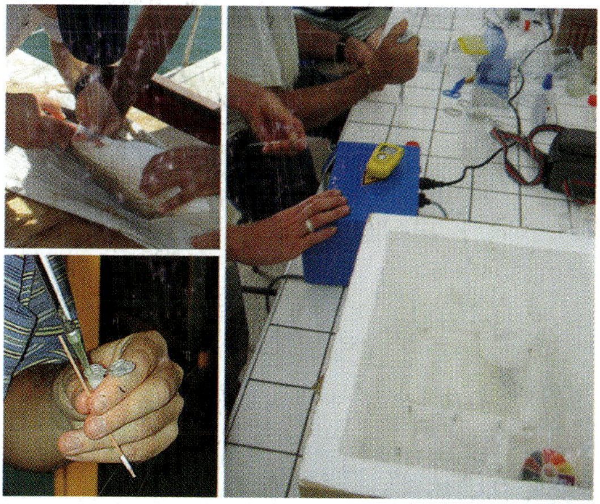

Photo 16. Description de la congélation de semence d'ombrine en Martinique : prélèvement du sperme à l'aide d'une seringue, remplissage des paillettes, placement des paillettes en atmosphère d'azote liquide. En arrière-plan, machine à souder les paillettes (© Ifremer Martinique).

Cette technique a ensuite été adaptée par Dutto et Vergnet (2007) qui ont proposé un protocole appliqué depuis en routine à l'Ifremer Martinique, ce qui a conduit à la constitution d'une banque de sperme à usage local. La *photo 16* montre les différentes étapes. Le principe de la congélation du sperme est bien connu, il s'agit de diminuer la température du mélange sperme-dilueur en deux étapes. Une première phase de refroidissement jusqu'à environ – 100 °C où les paillettes sont déposées pendant 15 minutes sur un radeau en polystyrène flottant à la surface de l'azote liquide. Les paillettes sont ainsi placées dans des conditions qui permettent une décroissance de la température optimale. Puis, elles sont plongées directement dans l'azote liquide à – 196 °C où elles peuvent être conservées de nombreuses années sans altération de leur pouvoir fécondant.

La cryoconservation du sperme

Grâce au transfert des techniques et produits utilisés sur d'autres espèces de poisson marin, la cryoconservation de la semence des mâles peut être considérée comme maîtrisée.

En conclusion, sur les aspects reproductifs, la forte fécondité et la capacité de l'ombrine à émettre des pontes multiples en fait une espèce intéressante pour l'aquaculture. En effet, la ponte spontanée en captivité, la possibilité de décaler à volonté la saison de ponte ainsi que la faculté de répondre à des stimulations hétérologues sont des éléments déterminants pour la gestion d'un stock captif de reproducteurs. Mais ces éléments cachent une maîtrise délicate de l'acte de ponte, ce qui rend difficile la réalisation de croisements raisonnés et le traitement individuel des descendances. Des travaux de description de la séquence chronologique des événements suivant le stimulus de la maturation finale ont été engagés pour tenter de lever ce frein.

Génétique

Principe et utilisation des empreintes génétiques

Les marqueurs microsatellites, sont des marqueurs moléculaires de l'ADN qui ont été décrits dans le chapitre 1, *Bases génétiques de l'espèce,* p. 17. Chez un individu donné, si l'on analyse à différents locus microsatellites quels sont les allèles présents (*figure 20*), on obtient son empreinte génétique constituant une combinaison unique qui lui est propre. Il s'agit donc d'une véritable carte d'identité génétique.

Sur les populations sauvages mais aussi sur des cheptels domestiques, ils peuvent être utilisés pour déterminer la variabilité génétique d'un stock ou mettre en évidence des différences génétiques entre des stocks de reproducteurs, des familles ou même des individus. Par ailleurs, ces parties du génome se transmettant à la descendance de manière neutre, les parents ne pourront transmettre à leur descendance que les allèles qu'ils possèdent et réciproquement un individu ne pourra présenter que des allèles que ses parents possédaient. Ainsi, en comparant l'analyse d'un individu dont les parents sont inconnus à celle de différents parents potentiels, on peut identifier ses vrais parents : il s'agit d'assignation de parenté (*figure 21*). Hormis ces deux exemples, évaluation de la variabilité génétique et assignation de parenté, de nombreuses autres applications existent, nous ne les évoquerons pas ici.

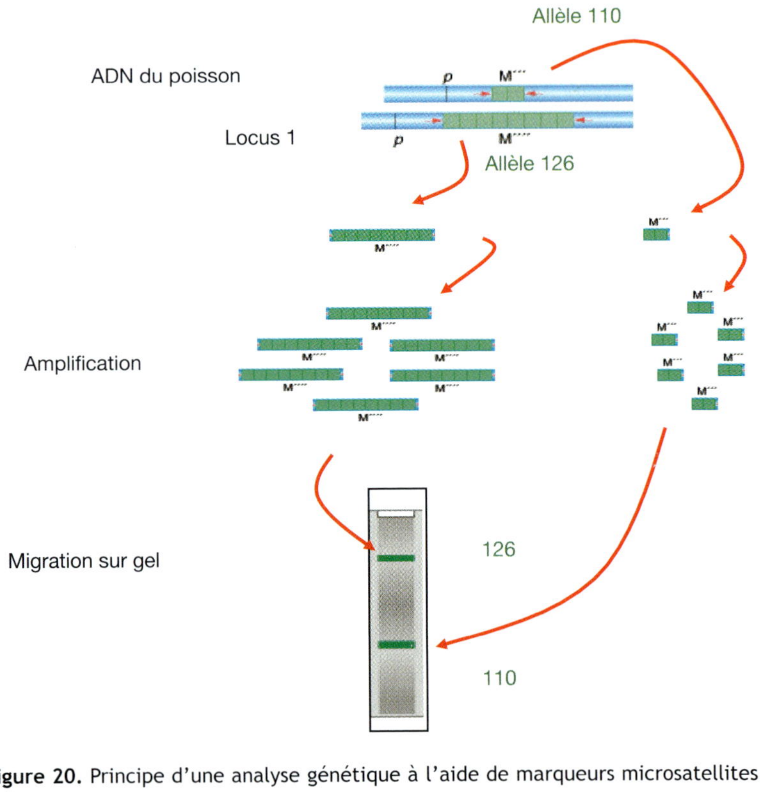

Figure 20. Principe d'une analyse génétique à l'aide de marqueurs microsatellites.

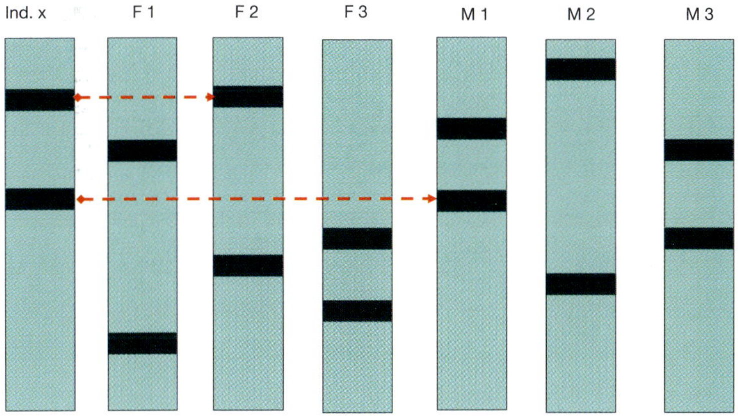

Figure 21. Principe de l'assignation de parenté : l'individu x possède un allèle de la femelle 2 et un autre du mâle 1.

L'assignation de parenté a été utilisée chez l'ombrine par des équipes américaines à partir de factoriels de reproduction constitués de 3 femelles regroupées avec 2 mâles. Dans ces conditions, il a été montré qu'elle constituait un outil efficace et performant permettant des taux d'assignation très élevés de 100 % (Ma *et al.*, 2007), 98,5 % (Saillant *et al.*, 2007) et 98,6 % (Saillant *et al.*, 2008).

En France, un travail réalisé en collaboration entre l'Ifremer, le Sysaaf et Labogena dans le cadre d'un programme génétique sur l'ombrine (Genodom) a permis la mise au point de deux multiplexes comportant respectivement 6 et 7 locus et permettant une assignation de parenté sur des factoriels constitués de plusieurs parents potentiels.

Caractérisation de la diversité génétique des stocks captifs des DOM

Les cheptels d'ombrine français présents dans les DOM français sont le fruit d'un historique complexe et à plusieurs étapes (cf. chapitre 2, *Production aquacole dans les départements français d'outre-mer,* p. 28). Ainsi, si les fondateurs de départ du stock de reproducteurs martiniquais sont d'origines sauvages américaines (Texas, Caroline et Floride), les cheptels de la Réunion et de Mayotte sont issus d'horizons domestiques divers et parfois exotiques (Taïwan, Israël, Europe, Martinique). Une étude de la variabilité génétique des stocks français a été menée par Falguière (2005b) à l'aide de 6 marqueurs microsatellites (Soc011, Soc035, Soc044, Soc099, Soc140, Soc156) précédemment isolés par Turner *et al.* en 1998.

Cette étude montre que le nombre minimal de parents fondateurs estimé par île est respectivement de 26 pour la Martinique, 13 pour la Réunion et 10 à 34 pour Mayotte (*figure 22*). Des incertitudes sur la généalogie de certains reproducteurs mahorais font planer une imprécision sur le nombre de fondateurs efficaces de ce dernier stock. Par ailleurs, certains fondateurs martiniquais sont aussi fondateurs de reproducteurs réunionnais et mahorais, ce qui réduirait le nombre de parents dont est originaire la population d'ombrine ultramarine française.

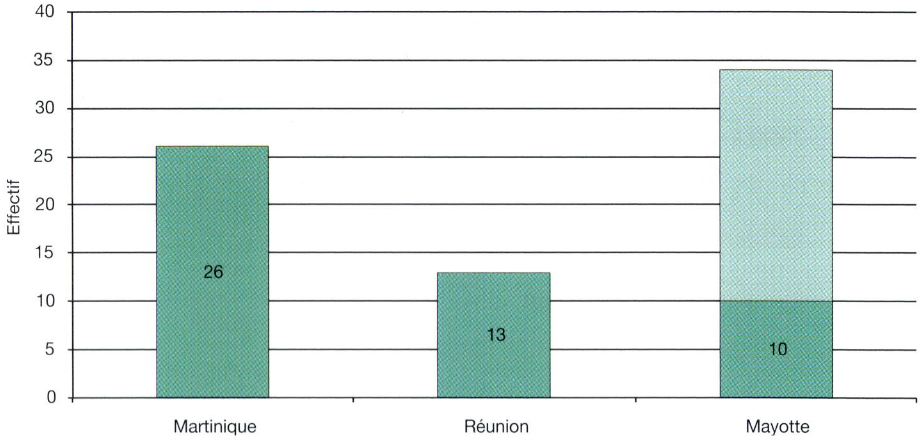

Figure 22. Effectifs potentiels minimums des fondateurs de cheptels de reproducteurs de chacune des îles.

Même si tous les éléments pour évaluer la diversité allélique naturelle ne sont pas disponibles, par comparaison aux travaux de Gold et Turner (2002), cette étude montre aussi qu'aux locus Soc011, Soc035 et Soc156 par exemple, la variabilité captive représente respectivement 50,0 %, 36,8 % et 33,3 % de la diversité naturelle observée sur l'ensemble de l'espèce, ce qui apparaît déjà comme significatif (*tableau 11*).

Tableau 11. Niveau de polymorphisme des marqueurs utilisés par région (Falguière, 2005).

	1	2	3	4	5	6	
Locus	**Soc011**	**Soc035**	**Soc099**	**Soc140**	**Soc156**	**Soc044**	**Moyenne par locus**
Nbre d'allèles Naturel *	14	19	?	?	12	?	
Nbre total d'allèles	7	7	17	6	4	22	10,50
Martinique	5	6	11	4	3	16	7,50
Réunion	6	3	10	4	3	12	6,33
Mayotte	6	5	14	4	4	20	8,83

* : source Gold et Turner, 2002.

D'autre part, si l'on considère la totalité de la variabilité génétique présente dans les cheptels de reproducteurs d'ombrine ultramarins, la Martinique la Réunion et Mayotte possèdent respectivement 72,6 %, 61,3 % et 85,5 % de ce patrimoine. De même, sur un nombre moyen estimé à 10,5 allèles par locus, la Martinique en dispose de 7,5, la Réunion de 6,33 et Mayotte de 8,83. Par ailleurs, la *figure 23* montre qu'il existe une complémentarité génétique entre les ressources de chaque île, chacune ayant son historique, ses particularités et ses faiblesses.

Pour illustrer cela, on peut constater que moins de la moitié des allèles (45,2 %) sont présents dans les trois régions, ce qui signifie *a contrario* que 54,8 % sont susceptibles d'être échangés. D'autre part, Mayotte peut apporter à la Réunion autant d'allèles spécifiques que la Martinique (environ 16 %), ce qui offre des alternatives intéressantes en matière d'échange de matériel génétique. Il sera en effet plus facile d'échanger entre ces deux régions proches.

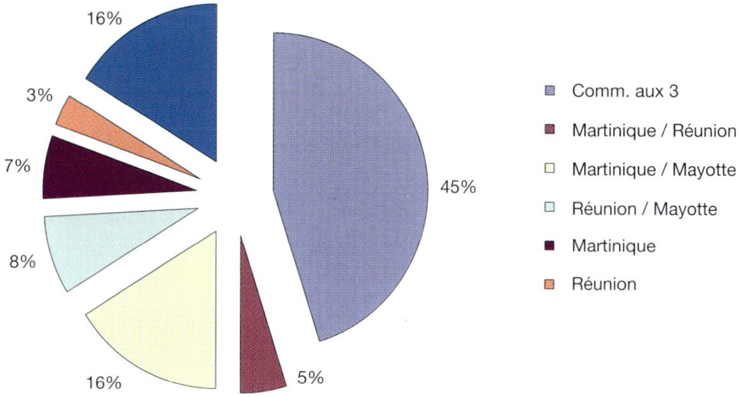

Figure 23. Diversité allèlique observée et niveau de complémentarité entre régions françaises d'outre-mer.

L'ensemble de ces résultats met en exergue tout l'avantage que l'on peut tirer d'une gestion collective de ces ressources génétiques qui constituent un patrimoine commun. Cet intérêt est d'autant plus marqué dans le cas de l'ombrine que cette espèce n'est pas présente dans les eaux naturelles de ces régions et qu'il est donc difficile d'avoir accès aux ressources génétiques sauvages. Signalons enfin que, d'après ce qui est recensé dans la littérature, il n'existe pas de référence à un travail similaire sur les autres stocks de reproducteurs d'ombrine présents dans les autres parties du monde, ce qui renforce l'intérêt stratégique à adopter une véritable gestion génétique commune de ces ressources. C'est l'objectif du programme Genodom (2009-2011) qui regroupe l'Ifremer, les structures de développement des DOM français, le Sysaaf, le CNPMEM et Labogena de tester à l'échelle pilote une gestion des ressources génétiques de l'ombrine en inter-DOM, en s'appuyant sur la complémentarité entre ces différentes régions.

Caractérisation génétique des stocks

La connaissance de près de 300 marqueurs microsatellites chez l'ombrine offre de larges possibilités d'application comme l'évaluation de la variabilité génétique ou l'assignation de parenté. La complémentarité génétique entre les stocks domestiques d'ombrine présents dans l'outre-mer français met en exergue l'intérêt d'une mutualisation et d'une gestion collective de ces ressources.

Effets familiaux et dimorphisme de croissance

Un travail réalisé par l'Ifremer Martinique (Rodriguez *et al.*, 2010) sur des données issues du suivi de la phase de grossissement de six familles d'origine bi-parentales (1 mâle x 1 femelle), non triées jusqu'à 2,5 kg, a permis de mettre en évidence des effets familiaux sur la croissance, le sex-ratio et le nombre d'ocelles comme le montrent les *figures 24 et 25*.

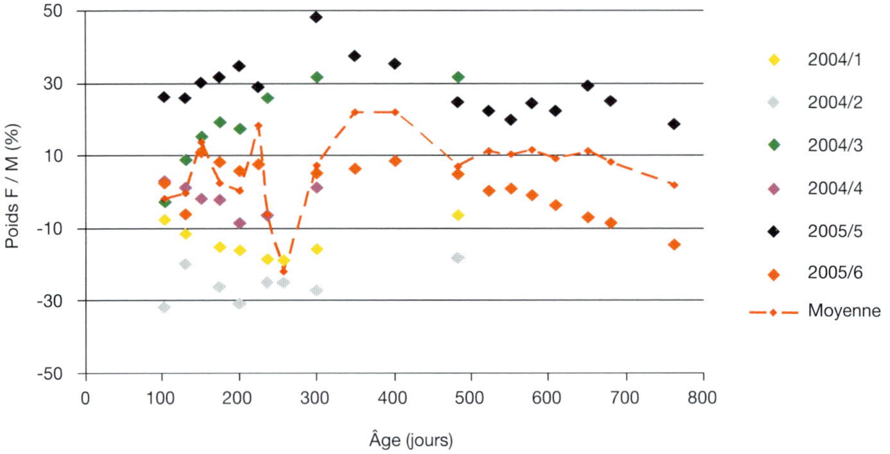

Figure 24. Évolution du dimorphisme de poids des femelles par rapport aux mâles au cours du temps sur six familles de plein frères, non triées depuis l'éclosion des œufs.

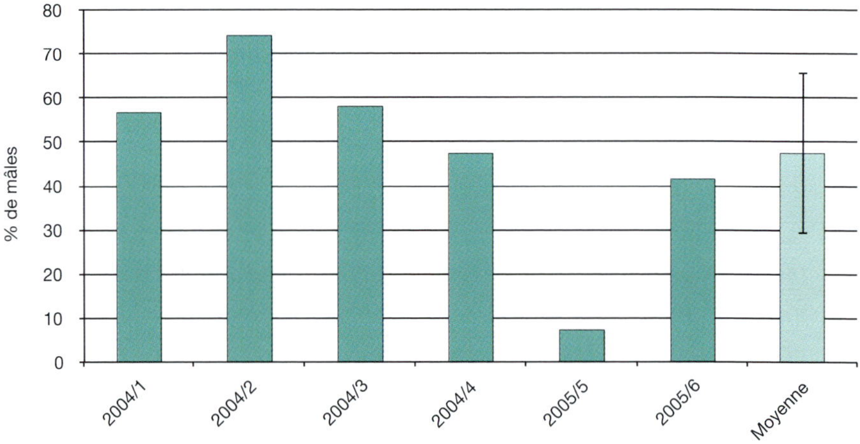

Figure 25. Pourcentage de mâles obtenu chez six familles non triées depuis l'éclosion des œufs.

Les résultats obtenus sur la variabilité inter-familiale du sex-ratio sont particulièrement intéressants puisque l'on obtient des taux de mâles allant de 8 % à 80 % dans des conditions d'élevage standardisées. Des essais précédents réalisés à partir de lots d'origine multi-parentale avaient pourtant montré que mâles et femelles étaient représentés de manière relativement constante et équilibrée. Dès lors, on peut penser que les effets familiaux sur le sex-ratio ont tendance à se compenser grâce à la participation de plusieurs parents. D'ailleurs, si l'on compare les taux moyens de mâles des lots d'origine bi- (n=6) et multi- (n=6) parentale, on n'observe pas de différence significative (respectivement 51,5 % et 48,5 %) mais la variabilité de ces taux est sensiblement différente, de 23,9 % et 9,4 % pour les lots d'origine bi- et multi-parentale, ce qui accréditerait cette hypothèse.

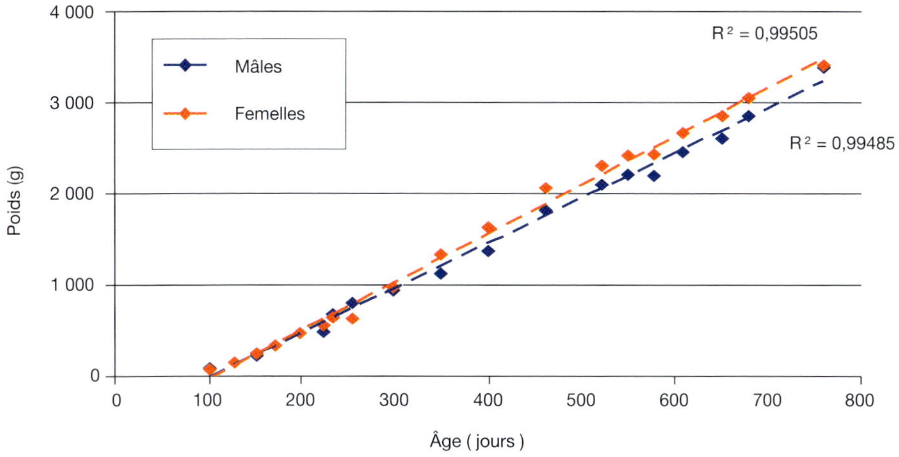

Figure 26. Croissance des mâles et des femelles en conditions communales entre 100 g et 3,5 kg.

D'autre part, il existe une variabilité inter-familiale du dimorphisme sexuel puisque, selon les familles, on peut observer que la croissance est meilleure dans l'un ou l'autre des deux sexes. Sur les six mêmes familles, il a été montré que le rapport entre la croissance des femelles et celle des mâles pouvait aller de + 28 % à – 26 % (Falguière, 2008). Par contre, lorsque l'on considère globalement l'ensemble des données, le dimorphisme sexuel de croissance entre mâles et femelles est peu marqué et s'élève en moyenne à + 6,7 % en faveur des femelles (*figure 26*).Ces résultats présentent des implications nombreuses et diverses en matière de génétique. En premier lieu, on peut raisonnablement admettre que le gain de performance que l'on peut attendre d'élevage en condition mono-sexe est relativement faible en regard de l'importance des travaux de recherche à réaliser pour y parvenir. Par contre, les effets familiaux mis en évidence doivent être intégrés à l'élaboration et au dimensionnement de tout travail en matière de gestion génétique des reproducteurs. Par exemple, le dimorphisme sexuel de croissance peu marqué autorise la sélection des individus les plus performants sans tenir compte de leur appartenance à un sexe ou à l'autre. Par contre, la variabilité familiale observée sur le sex-ratio lorsque les lots sont d'origine bi-parentale implique des effectifs suffisants en élevage de manière à être certain de pouvoir obtenir assez d'individus de chaque sexe à l'âge adulte. Enfin, ce type de données permet de déterminer les corrélations qui existent entre la croissance précoce et tardive, ce qui permet de prévoir éventuellement des tailles de sélection mieux adaptées aux objectifs.

Estimation des paramètres génétiques

L'estimation des paramètres génétiques constitue un élément primordial en aquaculture comme dans toute filière d'élevage où l'on souhaite appliquer un programme d'amélioration génétique car les stratégies de sélection à adopter en dépendent. Elle consiste à déterminer l'héritabilité des caractères d'intérêt aquacole (croissance, morphologie, rendement de transformation, résistance à des pathologies...) et les corrélations génétiques entre les caractères qui permettent de savoir si un caractère sélectionné en entraînera d'autres avec lui.

L'héritabilité présente des valeurs se situant entre 0 et 1. Plus elle est élevée, plus ce caractère est transmissible à la descendance par voie génétique. Les corrélations génétiques entre caractères sont aussi comprises entre 0 et 1. Une valeur nulle indique que les deux caractères considérés sont indépendants, c'est-à-dire que la sélection sur l'un d'eux n'entraînera aucune modification des performances sur l'autre.

Les travaux réalisés sur l'ombrine dans ce domaine sont peu nombreux et émanent essentiellement d'équipes américaines avec un objectif de production de juvéniles pour le soutien des stocks naturels qui sont exploités dans le cadre d'une pêche récréative extrêmement développée dans les États du Sud des États-Unis (cf. chapitre 2, *Pêche récréative aux États-Unis,* p. 23). C'est ainsi que leur intérêt a porté principalement sur trois caractères en rapport avec cette problématique : la croissance, la morphologie et la résistance au froid.

Saillant *et al.* (2007) ont évalué l'héritabilité de la croissance sur le poids et la longueur et sur le coefficient de condition k qui est une mesure de l'embonpoint du poisson bâtie à partir de la relation entre le poids et la longueur de l'animal. Il a ainsi montré une héritabilité s'élevant respectivement à 0,31, 0,33 et 0,38 pour ces trois caractères mettant ainsi en évidence une bonne capacité à sélectionner l'ombrine sur ces caractères qui présentent aussi un intérêt en élevage.

Par ailleurs, il met en évidence une forte corrélation génétique entre les croissances enregistrées à différents âges jusqu'à un poids proche de 200 g, indiquant que le taux de croissance précoce pourrait être un bon prédicteur de la croissance finale. Cependant, dans un contexte d'élevage où l'ombrine est commercialisée à des poids plus élevés, entre 1 et 2 kg, des travaux réalisés en Martinique (Rodriguez *et al.*, 2010) ont fait apparaître au contraire une mauvaise corrélation entre 80 g (100 jours d'âge) et 1 kg (300 jours).

L'héritabilité de la résistance au froid a été étudiée par cette même équipe (Ma *et al.*, 2007 ; Saillant *et al.*, 2008) par le biais de challenge de descente en température progressif sur 30 jours de 25 °C à 3 °C dans la première référence, et en suivant la cinétique de mortalité des ombrines lors d'un transfert direct de 24 °C à 6 °C dans la deuxième référence. Ces travaux ont montré des héritabilités s'élevant respectivement à 0,32 et 0,20 dans ces deux cas de figure, ce qui montre l'existence d'une base génétique à ce caractère.

L'originalité de ces travaux réside dans les aspects reproductifs utilisés dans le plan d'expérience qui sont basés sur des lots constitués de nombreuses familles différentes, obtenus à partir de plusieurs bacs de ponte, sans avoir recours à des procédés de reproduction artificielle qui sont généralement les seuls moyens de générer des lots multi-familiaux synchrones de ce type. Ceci laisse entrevoir des perspectives de travaux sur l'évaluation des paramètres génétiques de l'ombrine, notamment sur des caractères plus axés sur l'élevage.

Gestion génétique des reproducteurs

La question de la gestion génétique des reproducteurs reprend un certain nombre d'éléments qui ont été abordés dans les autres chapitres de cet ouvrage, essentiellement en génétique et reproduction. Comme on l'a vu dans le chapitre 2, *Production aquacole dans le monde*, p. 25, l'ombrine est généralement cultivée dans des régions où elle n'est pas présente dans le milieu naturel. Il est ainsi difficile d'avoir recours aux ressources sauvages pour constituer un stock de reproducteurs. Il convient d'apporter un soin particulier à sa gestion génétique sous peine d'être confronté à plus ou moins long terme à des problèmes liés à la consanguinité dans le cheptel. On a donc été obligé d'importer l'espèce soit en provenance de sa zone de répartition naturelle soit à partir d'autres pays où elle a été introduite. Ces transferts de matériel biologique s'avèrent relativement difficiles et coûteux à mettre en œuvre et présentent des risques sur le plan sanitaire. Aussi, on est amené à constituer son propre stock de reproducteurs pour acquérir son autonomie en matière de production de sujets d'élevage. Dans cette perspective, certaines règles de base doivent être respectées.

En premier lieu, il est important de disposer d'une large base génétique de départ. En effet, la variabilité génétique est considérée comme le « moteur » de tout dispositif d'amélioration génétique. De manière simplifiée, cela signifie que, plus la variabilité génétique est importante, plus on aura de possibilités de choix dans cette variabilité pour faire progresser la souche. Pour cela, il faut introduire des ressources génétiques le moins apparentées et les plus différentes possible mais on ne dispose pas toujours des éléments de traçabilité qui permettent de garantir cette diversité. On peut alors contourner ce problème en important des individus d'origines géographiques variées et suffisamment nombreuses, en s'assurant qu'elles n'ont pas de liens reproductifs entre elles. Il est difficile et coûteux de faire voyager des reproducteurs : on préfère généralement introduire des lots d'œufs, de larves, voire de juvéniles. Si l'on peut avoir recours à des importations d'individus sauvages en provenance de la zone naturelle, les lots seront *a priori* plus variables mais ce n'est pas toujours possible. On peut aussi s'approvisionner à partir de souches domestiques avec le risque qu'elles présentent moins de variabilité génétique. Pour compenser cela, on pourra alors multiplier et diversifier les origines. C'est ainsi que dans le cas de l'ombrine, le stock martiniquais a été constitué à l'origine à partir de six introductions de larves provenant de la reproduction de géniteurs sauvages dans des écloseries américaines de Texas, Floride et Caroline du Sud. La variabilité de ce stock a été analysée à l'aide d'un jeu de marqueurs microsatellites ainsi que les stocks de la Réunion et de Mayotte qui proviennent quant à eux d'origines exclusivement domestiques (cf. chapitre 2, *Production aquacole dans les départements français d'outre-mer*, p. 28).

Une fois ce capital adéquat constitué, sauf cas exceptionnel, il est préférable de ne plus avoir recours à de nouvelles importations, ce qui correspond à fermer le stock de reproducteurs. On va alors faire se succéder les générations, c'est-à-dire constituer un nouveau stock en faisant se reproduire entre eux les géniteurs de la génération précédente. Ce faisant, et sous réserve de respecter certaines règles, on va induire, génération après génération, une amélioration de la souche par simple domestication au sens génétique du terme. La domestication correspond tout simplement à une sélection spontanée des individus les mieux adaptés aux conditions d'élevage. On sous-estime souvent les gains qui peuvent être amenés par simple domestication surtout lorsque l'on part d'une souche sauvage. Il est possible évidemment d'appliquer une dose de sélection supplémentaire dans le dispositif, ce qui augmente encore le gain à chaque génération mais génère un surcoût zootechnique. Le principe consiste donc à conserver, d'une génération à l'autre, ce qui est bon dans ce capital et à éliminer ce qui est néfaste aux performances de l'élevage. En Martinique, depuis les dernières introductions en provenance des États-Unis en 1999, plus aucun gène n'a été introduit dans le stock de reproducteurs. L'application d'un plan de croisement raisonné sur ce stock initial (appelé G0) a permis de constituer une première (F1 : 2004-2008), puis une deuxième (F2 : 2009-2011) génération de domestication.

Cependant, pour que ce principe fonctionne correctement, il est nécessaire de faire participer un nombre suffisant de parents différents lors de la constitution de chaque nouvelle génération. De plus, il est important d'équilibrer la participation de chaque parent de manière à éviter les goulots d'étranglement reproductifs quand quelques parents reproducteurs sont peu ou pas représentés dans la nouvelle génération. Dans ces conditions, on considère que pour conserver plus de 99 % de la variabilité génétique, il faut qu'une centaine de parents différents participent à la reproduction. Lorsqu'on est capable d'équilibrer le nombre de pères et de mères, un nombre de 40 individus par sexe est considéré comme suffisant. Le plan de croisement appliqué en Martinique a permis par exemple de faire participer 36 reproducteurs (19 mâles et 17 femelles) lors de la création de la F1 en raison d'un effectif dans la G0 qui était insuffisant et vieillissant. Il est prévu que la création de la F2 utilise environ 80 reproducteurs sur lesquels une cinquantaine a déjà été exploitée début 2011. Enfin, la performance d'un dispositif de gestion génétique dépend de la capacité à maintenir l'effort zootechnique sur la durée. À cet égard, il est important de bien le dimensionner au départ, de manière à ce qu'il soit réalisable et acceptable par les opérateurs. Il s'agit de trouver le bon compromis entre le coût et l'efficacité du système. À titre d'exemple, le schéma de gestion zootechnique qui est en cours de testage dans les territoires ultramarins français est indiqué dans la *figure 27*.

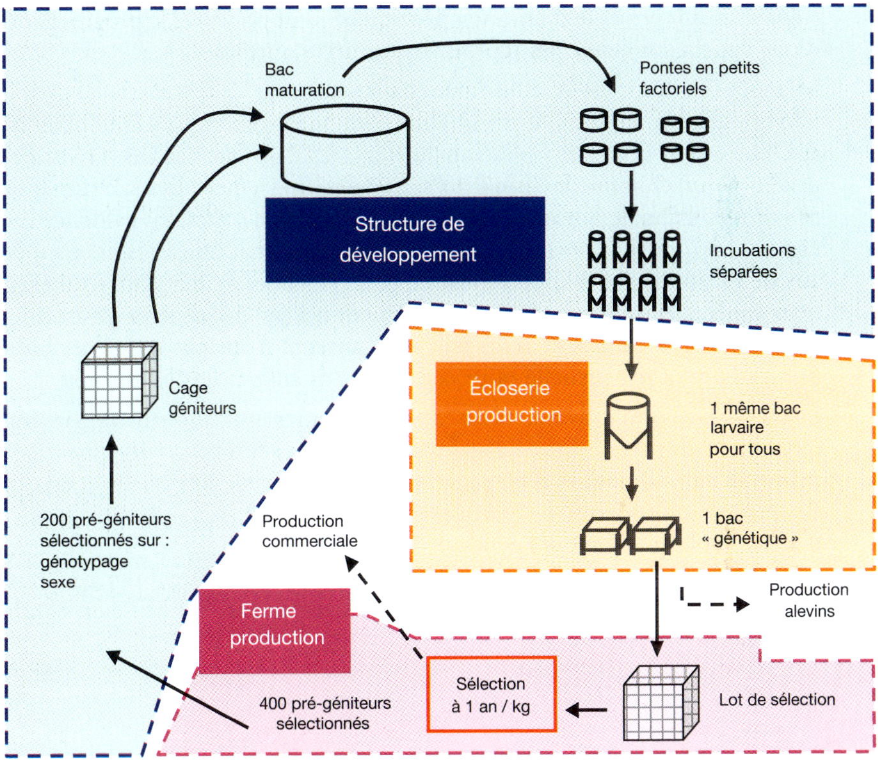

Figure 27. Principe zootechnique du programme Genodom, pilote d'une stratégie de gestion génétique de l'ombrine dans l'outre-mer français.

Règles de bases à respecter pour la gestion génétique des reproducteurs

Disposer d'une base génétique de départ la plus large possible. Conserver ce capital du mieux possible, génération après génération, en faisant participer un nombre suffisant de parents (100 en général) et en équilibrant la participation de chaque parent pour éviter les goulots d'étranglement. Éliminer ce qui est mauvais dans ce capital pour engendrer une amélioration de la souche. Enfin, bien dimensionner le dispositif pour que l'effort puisse être maintenu au cours du temps.

Hybridation chez les sciaenidés

L'hybridation est communément exploitée chez les poissons, chez les tilapias et les salmonidés par exemple. On peut rechercher différents avantages comme une augmentation des performances, on parle alors de vigueur hybride. On peut aussi obtenir une combinaison de caractères des deux parents comme la résistance à un pathogène ou la couleur de la robe. Enfin, les hybrides peuvent ou non être stériles, ce qui présente un avantage lorsqu'on veut préserver le progrès génétique d'une souche ou éviter des reproductions non contrôlées.

Même si l'ombrine est la seule espèce dans son genre (ce qui écarte les possibilités d'hybridation inter-spécifique), l'hybridation inter-générique a fait l'objet d'essais aux États-Unis (Henderson-Arzapalo *et al.*, 1994). Dans ce cas, l'hybride a été généré par un croisement entre deux sciaenidés, une femelle Black Drum (*Pogonias chromis*) et un mâle ombrine. Ce travail a permis de mettre en évidence un effet vigueur hybride puisque le génotype produit présentait une croissance supérieure aux deux espèces parentales. Notons que les périodes de maturité sexuelle de ces deux espèces étant différentes, le croisement n'a pu être obtenu qu'à l'aide d'un protocole de fécondation artificielle. Les auteurs n'ont pas mené ces individus jusqu'à la maturité sexuelle pour contrôler s'ils étaient fertiles ou non.

D'autre part, des travaux réalisés par l'Ifremer ont montré la viabilité du croisement entre ombrine ocellée femelle et maigre européen (*Argyrosomus regius*) mâle en s'aidant, là aussi, d'un protocole de fécondation artificielle et en utilisant des paillettes de sperme congelées de maigre (Fauvel *et al.*, 2010). Dans ce cas, il a été établi que l'hybride était stérile et présentait une croissance supérieure à celle des deux souches parentales à la température d'un climat tempéré (environ 20 °C), évidemment très inférieure à celle connue sur l'ombrine en conditions tropicales.

4
Production de juvéniles

Incubation des œufs

Une fois l'ovule fécondé par la semence du mâle, le développement embryonnaire peut démarrer. Généralement sur des espèces tempérées, le taux de fécondation est évalué deux à trois heures après la fécondation par évaluation du pourcentage d'œufs présentant des mitoses cellulaires. Chez l'ombrine, ce développement est beaucoup plus rapide compte tenu de la température (26 °C à 30 °C en zone tropicale) et l'observation doit être faite moins d'une heure après fécondation (*photo 17*). À ce stade, l'œuf présente généralement 4, voire 8, cellules visibles à la loupe binoculaire. Par la suite, la poursuite des divisions cellulaires rend l'évaluation plus difficile. Le rapport du nombre d'œufs présentant des mitoses ramené au nombre total d'œuf définit le taux de fécondation de la ponte.

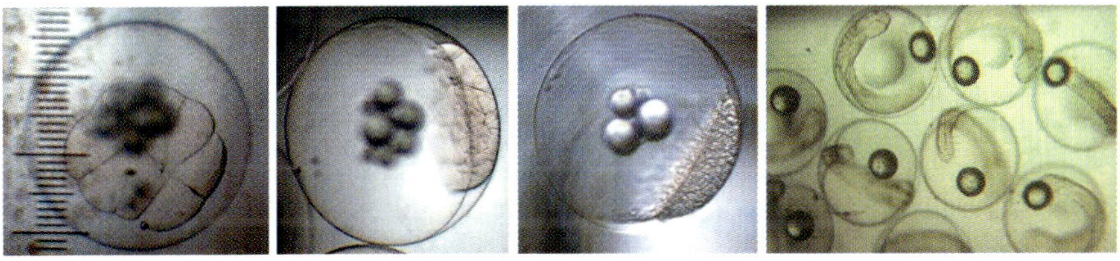

Photo 17. Développement embryonnaire de l'œuf fécondé d'ombrine. De gauche à droite : 1 h (stade 8 cellules), 2 h 30, 3 h 30 et 12 h post-fécondation (© Ifremer Martinique).

Lorsque la ponte est spontanée, elle se déroule quelques heures après la tombée de la nuit. Les œufs fécondés flottent et sont récupérés par la surverse du bac de reproduction dans un collecteur pendant la nuit. À leur récolte le matin, la larve est bien visible à l'intérieur et les œufs peuvent être placés dans des bacs d'incubation à une densité de 1 000 par litre. Des densités d'incubation allant jusqu'à 2 000 par litre ont pu être testées, sans altérer le développement embryonnaire et l'éclosion des larves. Le rapport du nombre d'œufs présentant une larve viable ramené au nombre total d'œufs définit le taux de viabilité de la ponte.

L'incubation se déroule dans un bac de forme cylindroconique (*photo 18*) d'un volume pouvant aller de quelques dizaines à plusieurs centaines de litres selon les objectifs de production. Un apport d'air central modéré assure une bonne homogénéisation de la masse d'eau, tandis qu'un bullage secondaire est placé sous la crépine, de manière à empêcher le colmatage de cette dernière par les œufs ou les coquilles vides. L'objectif de cette phase est de bien répartir les œufs dans la masse d'eau et d'éviter leur agrégation à la surface. Pour cela, on peut ajouter une soufflette d'air dirigée vers la surface de l'eau. Le renouvellement est de 100 % par heure et la crépine est constituée d'une maille plastique de 500 µm.

Photo 18. Bac d'incubation de 150 litres (© Ifremer Martinique).

Dans les conditions tropicales (24 °C à 28 °C), l'éclosion intervient 18 à 20 heures après la fécondation, soit généralement dans le courant de l'après-midi du jour de récupération des œufs. Une fois écloses, les larves peuvent être dénombrées. Le bullage est coupé pour laisser décanter les coquilles vides et les œufs morts. Le fond du bac est siphonné pour éliminer les déchets. Un bullage central à grosses bulles est mis en route pour répartir les larves de manière homogène dans tout le volume d'eau. Des prélèvements sont réalisés à l'aide d'un volume connu en différents points du volume du bac. Plus le bac est volumineux, plus le nombre de prélèvements doit être élevé. À titre d'exemple, pour un bac de 150 litres, neuf prélèvements sont réalisés, répartis entre surface, milieu et fond. Chaque prélèvement est dénombré sur un tamis de maille filtrante, sous une source lumineuse (*photo 19*). La moyenne du nombre de larves contenu dans le volume du prélèvement est rapportée au volume du bac pour connaître le nombre de larves présentes.

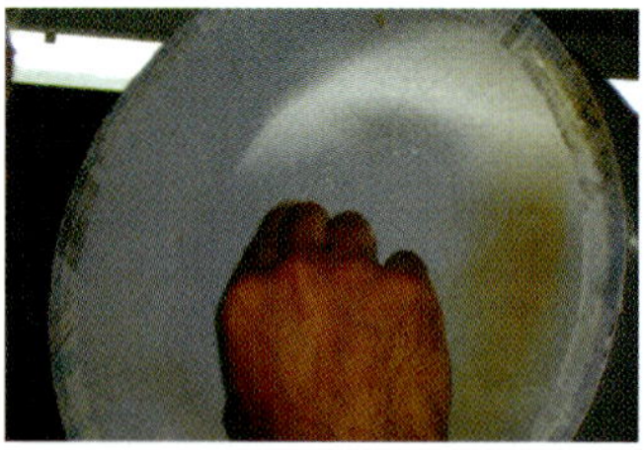

Photo 19. Dénombrement de larves sur un tamis pour évaluer le taux d'éclosion (© Ifremer Martinique).

Le rapport du nombre de larves ramené au nombre d'œufs viables placés dans l'incubateur définit le taux d'éclosion de la ponte. Les larves sont ensuite transférées dans la structure d'élevage larvaire en transvasant un volume d'eau de l'incubateur correspondant au nombre de larves que l'on souhaite placer en élevage. Pour tenir compte d'éventuelles inégalités dans la répartition des larves dans le bac d'incubation, il est important de fractionner ce volume total en une dizaine de volumes unitaires au moins.

Technique d'élevage larvaire extensive en eau verte

L'élevage des larves de poissons marins peut être assuré selon différentes techniques que l'on peut classer en trois catégories.

- **Élevage extensif**, à faible densité, où la chaîne alimentaire est reconstituée dans le bassin, généralement en terre, grâce à un bloom de phyto- et de zooplancton qui servira à nourrir les larves de poisson et qui a été lancé plusieurs jours auparavant.
- **Élevage intensif** en eau claire, à haute densité en bac polyester, où les premiers maillons de la chaîne alimentaire sont externalisés dans des ateliers indépendants où sont cultivées algues microscopiques et proies vivantes.
- **Élevage semi-intensif**, système hybride où le développement phyto- et zooplanctonique est plus ou moins contrôlé dans les structures d'élevage larvaire en bac polyester ou en béton, plus rarement en cage à voile, enceinte constituée d'une poche plastique suspendue à un système de flottaison en pleine mer.

Le système d'élevage extensif en eau verte, de moins en moins utilisé, a été le premier exploité pour l'élevage de l'ombrine par les Américains, à partir de la fin des années 70 (Colura *et al.*, 1976). Son principe de base est de reconstituer des conditions environnementales les plus proches possibles de ce que la larve rencontre dans son milieu naturel. L'élevage se déroule dans des étangs en terre, en plein air, d'une superficie allant de 0,2 à 1 ha. Cinq à dix jours avant d'introduire les larves, le bassin est fertilisé avec des engrais organiques et/ou inorganiques de manière à stimuler le développement du phytoplancton puis du zooplancton qui serviront de proies aux larves d'ombrine (*tableau 12*). Les nutriments inorganiques sont constitués d'azote, généralement apporté sous forme d'urée, et de phosphore sous forme d'acide phosphorique. Le fertilisant organique le plus fréquemment utilisé est le tourteau de coton. Le zooplancton est constitué de différentes espèces où copépodes et rotifères (*Brachionus plicatilis*) sont majoritaires. Leur concentration est suivie régulièrement, de même que les principaux paramètres physico-chimiques de l'eau (Sturmer, 1987). Des variantes ont pu être utilisées consistant en la culture préalable des proies dans des bacs spécifiques de manière à inoculer le bassin pour favoriser le développement initial du bloom.

Tableau 12. Déroulement de l'élevage larvaire de l'ombrine en système extensif aux États-Unis (d'après Davis, 1990).

J-14	Remplissage du bassin
J-10	Première fertilisation
J-7	Fin du remplissage du bassin – Deuxième fertilisation
J0	Ensemencement à raison de 70 à 80 larves par mètre carré
J5 à J20	Fertilisation tous les 5 jours
J20	Démarrage de l'alimentation exogène avec de l'aliment poisson haute qualité sous forme de farine
J26 à J35	Remplacement de la farine par des miettes flottantes à raison de 10 % de remplacement supplémentaire chaque jour
J30	Transférer les juvéniles dès qu'ils atteignent une taille de 2 à 3 centimètres

Lorsque la population zooplanctonique atteint un niveau de l'ordre de 200 à 300 individus par litre, les larves d'ombrine âgées de 2 jours sont introduites à une densité de 700 000 à 800 000 à l'hectare, soit moins de 0,1 larve par litre. Durant tout l'élevage, les larves se nourrissent des proies qu'elles trouvent dans le milieu et les possibilités d'intervention sont extrêmement limitées rendant le suivi du cheptel et le contrôle du milieu d'élevage difficiles. Les larves restent dans le bassin durant 30 à 45 jours jusqu'à ce que leur taille soit suffisante pour être récoltées à la senne ou par vidange du bassin. À ce stade, elles mesurent environ 25 mm et pèsent 0,3 à 0,4 g, ce qui les rend plus résistantes à la manipulation.

La survie attendue est de 60 % (Davis, 1990) mais aucune référence ne fait de synthèse des performances zootechniques obtenues avec ce système d'élevage. Il semblerait que la survie soit plutôt de l'ordre de 5 à 10 % en moyenne avec une grande variabilité des résultats, ce qui peut être expliqué par la difficulté de contrôler les paramètres d'élevage et par la prédation. Cependant, le modeste rendement de ce système est compensé par la grande taille des enceintes d'élevage qui permet ainsi de produire des quantités importantes de juvéniles avec une technique rudimentaire. Par ailleurs, notons que les juvéniles produits présentent généralement une grande disparité de taille et demandent à être calibrés si l'on veut pouvoir optimiser leur grossissement.

Les inconvénients de cette méthode résident dans la difficulté de contrôler le milieu d'élevage, le manque de prise sur la gestion de l'écosystème (particulièrement le bloom planctonique) et l'impossibilité d'évaluation de ce qui se passe dans le bassin. Il est ainsi difficile de prédire un résultat avec certitude car ce n'est qu'à la vidange du bassin que l'on peut savoir si le développement des larves s'est déroulé correctement.

La croissance semble, par contre, meilleure en conditions extensives en bassin par rapport à un élevage en conditions intensives en bac. En effet, Brightman *et al.* (1997) ont enregistré à un âge de 14 jours une croissance 1,44 fois supérieure en taille et 8,11 fois supérieure en poids chez des larves élevées en bassin (température 25 °C, densité de 3-5 proies/ml) par rapport au laboratoire (température 25 °C, densité 5 proies/ml).

Enfin, ce système d'élevage extensif permet de produire des sujets d'élevage même chez une espèce dont les bases biologiques sont peu renseignées.

Technique d'élevage larvaire intensive en eau claire

La technique d'élevage larvaire en eau claire a été mise au point pour l'ombrine quasi simultanément à la fin des années 80 par des équipes américaines (Holt *et al.*, 1987) et françaises (Soletchnik *et al.*, 1990). Inspirée des standards utilisés sur des espèces tempérées comme le bar *Dicentrarchus labrax*, elle a ensuite continué à évoluer jusqu'aux années 2000. Ses différences fondamentales avec le système extensif utilisé aux États-Unis jusqu'alors sont une densité d'élevage élevée (80 à 100 larves par litre), un contrôle de la qualité d'eau par action sur le débit de l'eau neuve et l'aération, une absence de phytoplancton dans le milieu d'élevage et un apport alimentaire d'origine exogène, ce qui permet de maîtriser sa disponibilité et sa qualité nutritionnelle. Il en résulte que les volumes d'élevage sont nettement moins importants puisque les bacs d'élevage larvaire, en polyester le plus souvent, ont des volumes unitaires allant de quelques centaines de litres à quelques mètres cubes (*photo 20*). Par ailleurs, il est généralement nécessaire de disposer d'ateliers annexes pour la culture des algues et des proies vivantes (rotifères et artémia) qui sont utilisées pour nourrir les larves (cf. chapitre 4, *Culture des proies et des algues,* p. 88).

Photo 20. Structure d'élevage larvaire expérimental de l'Ifremer (16 bacs de 40 litres) et bac (un mètre cube) d'une écloserie privée en Martinique (© Ifremer Martinique).

Le démarrage d'un cycle d'élevage larvaire nécessite ainsi une planification et une coordination entre les différents ateliers impliqués, à savoir la production d'œufs par les structures de reproduction, la culture des proies (particulièrement des rotifères) et la préparation des infrastructures d'écloserie (bacs d'incubation et d'élevage larvaire).

- Algues : - 35 jours avant la ponte attendue.
- Rotifères : - 25 jours.
- Incubation des œufs : jour 0.
- Élevage larvaire : jours 1 à 15.
- Sevrage : jours 16 à 20.
- Pré-grossissement : jours 21 à 35.

Ce système d'élevage intensif de l'ombrine a été considérablement perfectionné durant la dernière décennie avec un travail notable d'optimisation des protocoles réalisé par l'Ifremer Martinique (Petton *et al.*, 2006a). Le principe est basé sur le maintien des larves dans un confort physiologique optimal par un contrôle de tous les paramètres d'élevage grâce à l'intervention humaine (*figure 28*). Il est donc apparu important de trouver un équilibre entre les paramètres influant sur l'élevage, l'objectif final tournant autour de la notion de « bien-être » de la larve dans son milieu. Par exemple, l'hydrodynamisme du milieu est particulièrement soigné afin de garantir une répartition et donc une disponibilité de l'aliment (proies ou micro-particules) optimale et homogène dans l'ensemble du volume d'eau, de sorte que la larve n'ait aucun effort à fournir pour s'alimenter. Par ailleurs, la croissance des larves a été améliorée grâce à un éclairage 24 h/24 et une distribution continue en proies vivantes à l'aide de pompe péristaltique. Cette optimisation de la croissance durant la phase précoce a ainsi permis de faire passer la durée d'alimentation en proies vivantes de 25-30 jours à 15-20 jours. Dans ce schéma, le pilotage de l'élevage s'effectue par le contrôle de l'aération, de la densité en proies dans le milieu, du niveau d'oxygène dissous dans l'eau, du renouvellement d'eau neuve.

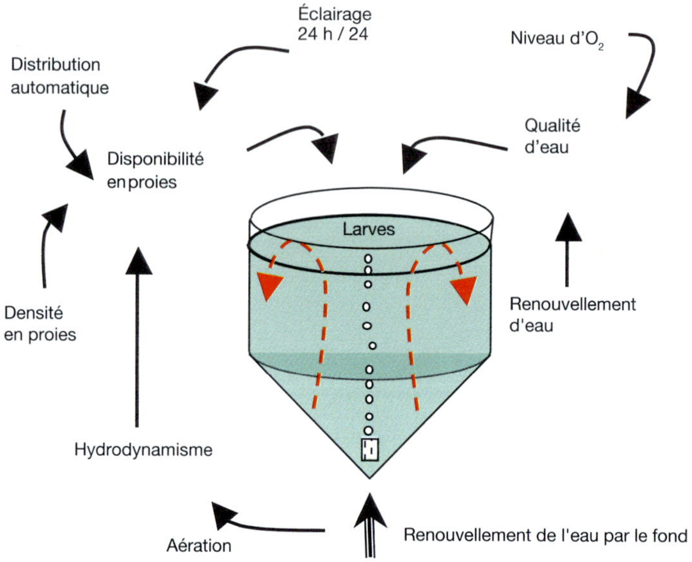

Figure 28. Schéma des principaux paramètres interagissant pour assurer le confort physiologique des larves d'ombrine en système intensif en eau claire (d'après Petton *et al.*, 2006a).

Le type d'alimentation évolue avec la croissance de la larve. Après une semaine d'alimentation à base de rotifères (taille 80-150 µm), on passe progressivement à une ration à base de nauplies d'artémia, fraîchement écloses d'abord (A0) puis âgés d'un jour ensuite (A1) (*figure 29*). Durant cette phase, les proies sont enrichies à l'aide de formules d'enrichissement classiquement utilisé en élevage de poissons marins pour couvrir les besoins nutritionnels des larves (cf. chapitre 4, *Culture des proies et des algues,* p. 88). Au 15e jour d'élevage commence le sevrage qui correspond à un passage progressif (5 jours) d'une alimentation vivante à une alimentation inerte (micro-granulés du commerce).

La disponibilité en proies vivantes dans le milieu d'élevage est un paramètre auquel il convient d'apporter un soin particulier pour que les larves puissent toujours s'alimenter à satiété. Brightman *et al.* (1997) n'ont ainsi enregistré aucune croissance pondérale en dessous de 1 proie/ml et les larves ne survivaient pas au-delà de 8 jours. Ces auteurs mettent en évidence également un effet net de la température sur les 14 premiers jours de vie des larves, que ce soit en bac intensif en eau claire entre 25 °C et 20 °C (facteur 1,08 en taille et 3,5 en poids) ou en bassin extensif en eau verte entre 32 °C et 25 °C (facteur 1,15 en taille et 9,76 en poids).

Dans le protocole utilisé en Martinique depuis le milieu des années 2000 (Petton *et al.*, 2006a), la densité en proies (rotifères) est maintenue en permanence dans une fourchette comprise entre 5 et 10 proies par millilitre, grâce à un comptage sous loupe binoculaire deux à trois fois par jour. À titre d'exemple, la *figure 29* montre aussi l'évolution de la quantité de proies distribuée quotidiennement durant les deux premières semaines de développement pour un volume d'élevage de 40 litres, tel qu'utilisé classiquement dans les structures expérimentales de l'Ifremer Martinique. Mais cet abaque ne constitue qu'une illustration car, selon la température de l'eau, la survie larvaire et l'appétit des animaux, la ration doit être ajustée quotidiennement et le seul critère pertinent est donc bien l'observation *in situ* de la densité en proies.

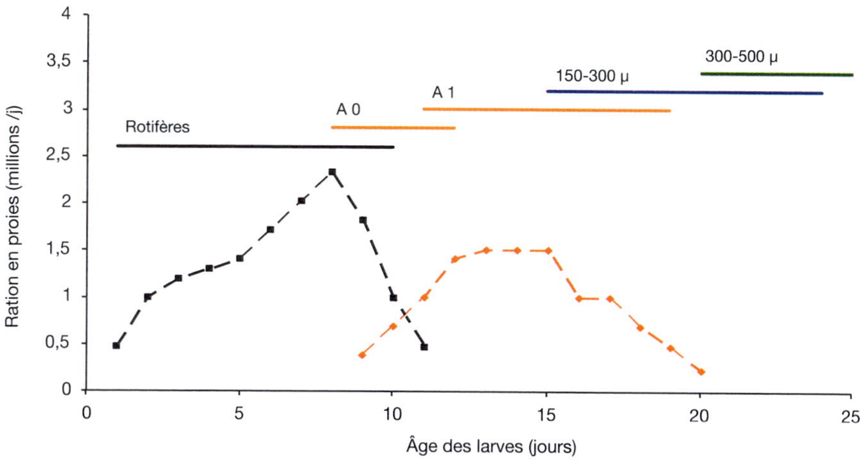

Figure 29. Séquence alimentaire de la larve d'ombrine en élevage et évolution de la ration quotidienne en proies vivantes pour un bac d'élevage larvaire de 40 litres.

Un rationnement insuffisant durant la phase d'alimentation en rotifères induit dès ce jeune âge des phénomènes de compétition alimentaire conduisant à des disparités de taille qui ne s'accompagnent pas forcément de mortalité ou de baisse de croissance immédiate. Par contre, cette hétérogénéité de taille est bien la source originelle du comportement de prédation intra-spécifique (cannibalisme) qui surviendra un peu plus tardivement dans le cycle d'élevage (sevrage et pré-grossissement). À cet égard, la phase critique de consommation en proies vivantes se situe 10 à 12 jours après l'éclosion et correspond à une augmentation rapide des besoins alimentaires qu'il convient de bien évaluer. En effet, une fois initié, le phénomène de cannibalisme est difficile à enrayer.

À l'éclosion, la larve d'ombrine mesure environ 1,7 mm et, durant les premiers jours de son développement, elle passe par des étapes importantes comme l'ouverture de la bouche, la fin de la résorption des réserves vitellines ou la mise en place de la vessie natatoire (*figure 30*). Dans les conditions de reproduction spontanée sans recours à l'induction hormonale, le démarrage du processus correspond à la fécondation des œufs par les spermatozoïdes en début de nuit entre 21 h et 24 h (J-1). L'éclosion des œufs se déroule entre 11 h et 17 h le lendemain (J0), la bouche s'ouvre entre 21 h à J1 et 6 h le matin de J2, et finalement, l'inflation de la vessie natatoire intervient entre 6 h à J2 et 15 h à J3. Ainsi, 72 h après l'éclosion, on peut considérer que la larve est en configuration d'élevage.

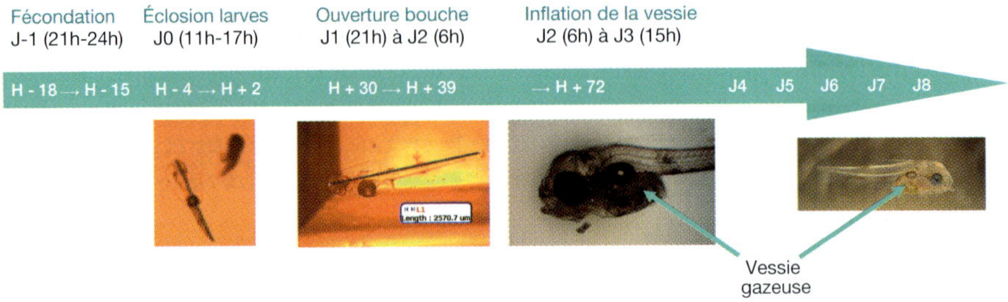

Figure 30. Chronologie du développement précoce de la larve d'ombrine. Gamme de température 26-28 °C (Dutto *et al.*, 2010, © Ifremer Martinique).

Par la suite, la larve subit un certain nombre de modifications au cours de son développement comme décrit dans le *tableau 13*. Les tailles des larves données dans ce tableau ne sont qu'indicatives puisque la croissance va dépendre de différents facteurs comme la température, la disponibilité en proies ou la qualité du lot.

Tableau 13. Description sommaire du développement larvaire de l'ombrine de J3 à J28 (d'après Soletchnik *et al.*, 1990).

Âge (j)	Développement larvaire
J3	Fin de formation de la vessie natatoire Résorption totale de la vésicule vitelline
J5	Formation des chromatophores sous forme de proéminence rouge à la surface du corps qui s'étalent puis se ramifient
J8	Extension de la pigmentation sur deux tiers du corps
J9	Inflexion de la colonne au niveau du pédoncule caudal Ébauche de la nageoire caudale Extension de la pigmentation sur 90 % du corps Dents visibles
J15-19	Formation des nageoires dorsales, anales puis pelviennes
J22-24	Début de la métamorphose : les écailles apparaissent à partir du pédoncule caudal, à J24, 40 à 80 % des larves possèdent leurs premières écailles, les rayons durs de la nageoire dorsale s'allongent
J25	90 % des larves présentent des écailles
J26	Poursuite de l'allongement des rayons durs de la dorsale Opacification de l'estomac
J27-28	Fin de la métamorphose : la larve est devenue un alevin

La mise en place de la vessie natatoire est un phénomène qui requiert une attention particulière ayant fait l'objet de travaux spécifiques (Dutto *et al.*, 2010). Il s'agit d'un diverticule du tube digestif qui se présente comme un sac à paroi mince, rempli de gaz, situé dans la cavité abdominale sous la colonne vertébrale. Cette poche est utilisée comme un ballast afin de faciliter l'équilibre et le déplacement du poisson dans la colonne d'eau. Sans vessie, la larve va poursuivre son développement mais présentera une croissance moindre. Il a ainsi été montré chez l'ombrine que, dès J15, le déficit de poids est déjà de près de 40 %. L'absence de vessie entraîne l'apparition de malformations squelettiques de la colonne vertébrale au cours de la croissance. L'absence de vessie et ces déformations induisent une dégradation des performances d'élevage car elles perturbent le déplacement du poisson, son alimentation et finalement son grossissement. Elles peuvent être visibles à l'œil nu et dégrader l'image du produit, le rendant ainsi impropre à la commercialisation. Chez la larve d'ombrine, comme chez la plupart des poissons marins, la mise en place de cet organe se fait grâce à l'absorption d'une bulle d'air à la surface de l'eau dans les premiers jours de son développement. La vidange et le remplissage se font ensuite par voie sanguine (Léopold, 2004). L'accès à la surface doit être rendu possible dans une fourchette horaire comprise entre 39 h et 72 h après l'éclosion chez l'ombrine et tout doit être entrepris pour favoriser cet accès. Il est possible de maintenir la larve dans une luminosité réduite, de retarder les premières distributions de proies pour limiter la salissure de la surface, de supprimer le bullage pour éliminer toute vaguelette. Chez de nombreux poissons marins, on a recours à des écrémeurs de surface pour nettoyer la surface de l'eau, ce qui facilite la prise de la bulle d'air par la larve. Chez l'ombrine, ce dispositif n'est pas utilisé systématiquement et on obtient des taux de vessie fonctionnelle compris généralement entre 85 % et 95 %, même sans ce subterfuge.

Sevrage

Le sevrage de la larve d'ombrine intervient classiquement du jour 15 au jour 20 après l'éclosion, lors du passage d'une alimentation à base d'artémia à une alimentation inerte. À J15, les larves sont transférées des bacs d'élevage larvaire aux bacs de sevrage et la densité est ramenée à environ 5 larves par litre. Durant cette période, la ration en artémia est réduite progressivement tandis que les larves reçoivent en contrepartie une ration croissante en aliment de sevrage de granulométrie adaptée à leur taille. Pendant cette phase délicate, il convient de porter une attention particulière aux principaux facteurs de succès, l'homogénéité de taille des larves et la disponibilité en particules alimentaires, deux éléments importants qui permettent de limiter le cannibalisme.

Une bonne homogénéité de taille est le résultat d'une phase larvaire bien maîtrisée sur le plan alimentaire. Cet élément prend en compte non seulement la notion de disponibilité spatiale (bonne répartition dans le bac à un instant t) et temporelle (adéquation et régularité de la densité en proies), mais aussi une bonne appréhension de la phase de transfert de l'alimentation en rotifères à celle d'artémia. Une distribution trop précoce en artémia va favoriser la croissance des plus gros individus capables de les absorber, ce qui amplifiera les disparités de taille. Une disponibilité insuffisante en proies va générer des comportements de compétition alimentaire qui vont favoriser certains individus dominants au détriment des autres. Ainsi, lorsqu'on constate une forte hétérogénéité de taille en début de sevrage, il est déjà difficile d'intervenir. Certaines solutions sont envisageables pour y remédier, comme le tri des animaux pour constituer des lots plus homogènes (*photo 21*), mais cette technique est délicate à cet âge où les larves sont encore fragiles et on l'utilise plutôt durant la phase de pré-grossissement ultérieure. Finalement, quand la situation est défavorable, les petits individus ne survivent pas à l'épreuve du sevrage et meurent dans un délai de deux à trois jours.

Photo 21. Opération de tri d'un lot en fin d'élevage larvaire à l'aide d'un trieur à barreaux (© Ifremer Martinique).

Le sevrage constitue un challenge important pour de si petits individus qui ne disposent que de très peu de réserves et ont un métabolisme exacerbé dans les conditions thermiques tropicales. Il est donc important de permettre à la larve de s'alimenter en permanence avec un minimum d'effort pour limiter la tentation du cannibalisme. On va faire en sorte d'optimiser la répartition alimentaire en multipliant les points de chute de l'aliment grâce à l'emploi de distributeurs automatiques d'aliment. Il n'y a pas de règle en la matière mais le nombre de distributeurs doit être adapté à la surface en eau à couvrir. À cet égard, certains distributeurs équipés de dispositif de dispersion peuvent s'avérer intéressants pour couvrir une surface plus étendue.

Des besoins spécifiques en matière d'hydrodynamisme sont nécessaires pendant cette phase de sevrage. Il est préconisé d'induire un courant lamellaire favorisant la dispersion des particules alimentaires, l'évacuation des fécès et de l'aliment non consommé. Des bacs, de forme cylindrique ou sub-carrée, à fond légèrement en pente vers l'évacuation centrale, facilitent la gestion et l'élimination des déchets. On cherchera également à favoriser la nage en banc des larves, ce qui permettra un meilleur contrôle de leur comportement agressif.

En matière de sevrage précoce, des recherches ont été menées à la fin des années 90, particulièrement par le laboratoire Nutrition de l'Ifremer Brest (Cahu *et al.*, 1998,

1999 ; Zambonino Infante *et al.*, 1999), pour mettre au point des aliments composés inertes de très petite taille, élaborés pour répondre aux capacités enzymatiques de la larve de poisson marin dans son plus jeune âge. L'objectif est de pouvoir alimenter la larve le plus précocement possible avec des particules inertes afin de s'affranchir des cultures en proies vivantes qui sont coûteuses et chronophages. Ces travaux ont abouti à des formules spécifiques commerciales, utilisées sur plusieurs espèces de poissons marins européens (bar, morue, daurade...). La formulation brevetée repose sur de nombreux ingrédients dont des protéines et des phospholipides pré-digérés (*tableau 14*).

Tableau 14. Exemple de composition d'un aliment de sevrage utilisé sur les larves d'ombrine.

Matières protéiques brutes (%)	55
Matières grasses brutes (%)	15
Celluloses brutes (%)	5
Cendres brutes (%)	13,5
Phosphore (%)	2
Sulfate de cuivre (mg/kg)	30
Vitamine A (U.I./kg)	25 000
Vitamine D3 (U.I./kg)	3 000
Vitamine E (U.I./kg)	400

Sur l'ombrine, les premiers essais réalisés par Holt (1993) avaient déjà montré les possibilités d'utiliser des micro-particules en combinaison avec les rotifères, dès leur plus jeune âge, afin d'éliminer les besoins en artémia. Plus tard, la même équipe (Lazo *et al.*, 2000) a mis en évidence l'intérêt d'associer une distribution d'algues aux larves nourries exclusivement avec des micro-particules pour améliorer les performances. En effet, en l'absence complète de proies vivantes, ils observaient généralement des niveaux de survie extrêmement faibles, quoique non nuls, ce qui laissait envisager des possibilités.

Ces micro-particules ont été expérimentées sur l'ombrine à l'Ifremer Martinique dans les années 2004-2006 (Petton *et al.*, 2006b) et sont disponibles dans le commerce dans des granulométries qui nous intéressent pour cette espèce : 70 µm, 150 µm et 300 µm. Les résultats ont montré que lorsqu'on sevre des larves âgées de plus de 8 jours à l'aide de ces aliments, la survie et la morphologie des juvéniles ne sont pas altérées ; un déficit de poids de 20 à 30 % est enregistré à l'âge de 15 jours mais est comblé à 60 jours (*figure 31*). Par contre, lorsqu'on sevre avant 8 jours, la survie et la croissance diminuent d'autant que le sevrage intervient précocement (*figure 32*). Ces résultats confirment bien les travaux réalisés antérieurement. Ainsi, il est acquis que des cycles complets d'élevage larvaire peuvent être réalisés sans utiliser d'artémia, avec des performances zootechniques équivalentes à celles de cycles témoins sous régime alimentaire classique. Dans l'état actuel des connaissances, il n'est pas encore possible de substituer complètement les rotifères par des micro-particules sans altérer les performances zootechniques.

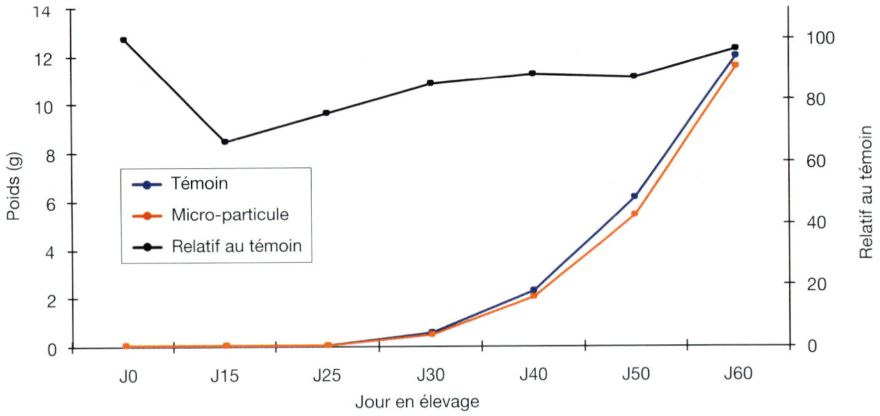

Figure 31. Croissance larvaire enregistrée avec et sans utilisation d'artémia (d'après Petton *et al.*, 2006b, © Ifremer Martinique).

À la suite de ce travail réalisé à l'échelle expérimentale, un transfert technologique de ces méthodes a été réalisé en 2008 au bénéfice d'une écloserie privée martiniquaise par le biais d'une opération de formation et d'assistance technique. Les protocoles ont été bien assimilés par le producteur après un temps d'acquisition et d'adaptation au changement d'échelle. Les résultats obtenus sont équivalents, voire supérieurs, à ceux obtenus à l'échelle expérimentale puisque la survie enregistrée à 15 jours s'élève à 80-85 % (Ragot *et al.*, 2010). Par ailleurs, l'économie de main-d'œuvre réalisée entre le temps de travail sur l'atelier artémia et la gestion de l'alimentation inerte a été évaluée à 25 %. Depuis, cet éleveur produit les juvéniles d'ombrine pour la filière martiniquaise sans utiliser d'artémia.

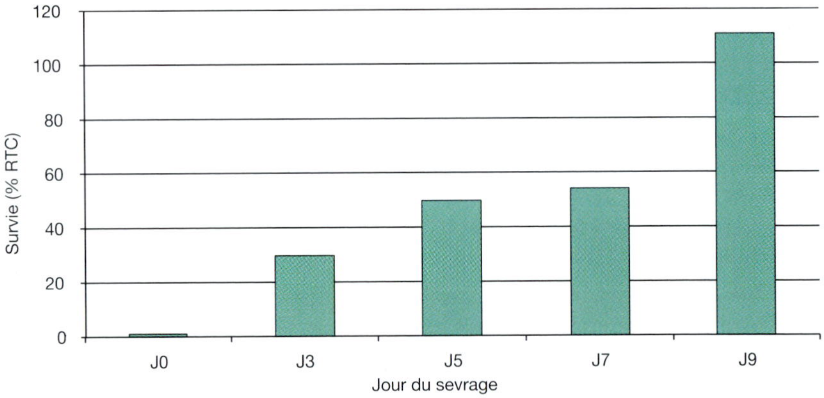

Figure 32. Survie des larves à 25 jours en fonction de la date du sevrage précoce (d'après Petton *et al.*, 2006b, © Ifremer Martinique) ; valeurs RTC (relative au témoin sur proie vivante).

La problématique d'une alimentation en particules alimentaires inertes est sensiblement différente de celle qui prévaut avec des proies vivantes. En effet, les rotifères comme les artémia sont des êtres vivants planctoniques avec un hydrodynamisme pensé qui permet de bien les répartir dans la masse d'eau. Par contre, les particules inertes coulent et ne sont disponibles pour les larves que durant leur temps de chute dans la colonne d'eau. Il faut donc favoriser la probabilité de rencontre entre larves et micro-particules, en multipliant les points de chute de l'aliment pour qu'il n'y ait pas de zones mortes de distribution. Il s'avère ainsi nécessaire de disposer plusieurs distributeurs sur le bac et/ou de prévoir un dispositif de dispersion de surface (*photo 22*). De plus, une fois déposées sur le fond, les particules alimentaires vont commencer à se dégrader et polluer le milieu d'élevage de manière plus importante que dans le cas d'une alimentation classique à base de proies, ce qui nécessite un nettoyage quotidien du fond par siphonage.

Photo 22. Bac de production larvaire équipé de distributeurs et de dispositifs de dispersion pour assurer aux larves d'ombrine une bonne disponibilité en micro-particules (© Ifremer Martinique).

Grâce aux différents travaux réalisés en Martinique, la durée d'alimentation des larves d'ombrine avec des proies vivantes est passée de 25-30 jours en 2002 à 19 jours en 2005 et, finalement à 7 jours depuis la mise en place du sevrage précoce en 2008, sans altérer le niveau de performance.

Ces techniques d'élevage larvaire ont également fait l'objet d'un transfert technologique dans les années 2000 par l'Ifremer auprès de la filière aquacole des DOM français. Un exemple de ce changement d'échelle est donné dans la *figure 33* qui illustre l'évolution des performances d'une écloserie privée (*photo 23*), avant et après le transfert de ces standards.

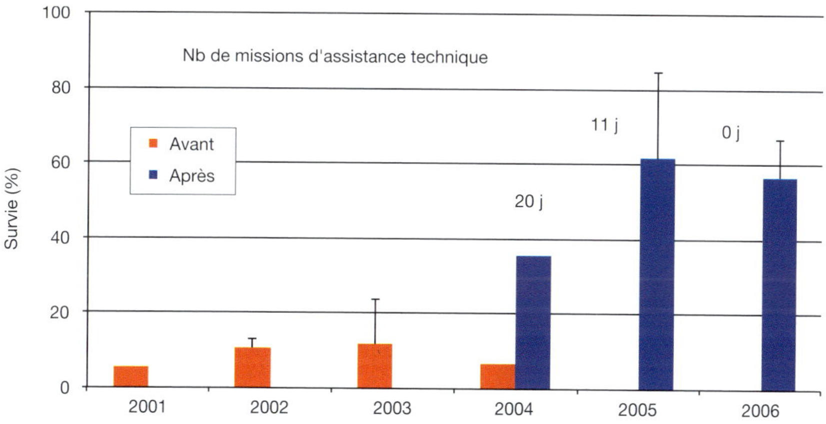

Figure 33. Évolution de la survie après sevrage, suite à un transfert des techniques d'élevage auprès d'un opérateur privé (d'après Petton *et al.*, 2006a, © Ifremer Martinique).

Photo 23. Écloserie artisanale de production d'alevins d'ombrine ocellée à la Martinique, d'une capacité de 200 000 alevins par an (© Ifremer Martinique).

Une zootechnie de la phase larvaire bien maîtrisée

Durant la phase d'élevage larvaire proprement dite (J0 à J15), sur 38 élevages réalisés entre 2004 et 2006, en petits volumes à l'Ifremer Martinique, on enregistre une survie moyenne de 76,6 % (± 5,6 %). En sevrage, la survie s'élève à 91,5 % (± 5,6 %), ce qui porte à 70,1 % la survie moyenne entre l'éclosion et la larve sevrée de 25 jours. En termes de croissance, un poids moyen de 305 mg est obtenu à J25. Ces résultats mettent en évidence un niveau élevé et reproductible de maîtrise zootechnique de cette espèce. Le transfert de ces techniques auprès d'écloseries de production montre des niveaux de performance similaires.

Culture des proies et des algues

La culture des proies vivantes est un atelier stratégique car il constitue l'outil indispensable à tout élevage des larves d'ombrine comme de tout poisson marin. En effet, sans proies vivantes en quantité et qualité adéquates, il ne peut pas y avoir d'élevage larvaire performant.

Les deux types de proies utilisées pour élever les larves d'ombrine présentent des caractéristiques différentes. La **culture des artémia** (*Artemia salina*, *photo 24*) est bien maîtrisée et demande moins d'investissement en infrastructure comme en personnel. En effet, les œufs de durée, appelés cystes, sont conditionnés sous forme de boîte de conserve et sont facilement stockables et immédiatement utilisables. Les techniques de culture sont uniformisées et bien connues de toutes les écloseries de poisson, même s'il peut exister quelques variantes ; elles ne présentent pas de difficulté technique particulière. Selon l'âge des larves, on les nourrira successivement avec des artémia fraîchement écloses ou âgées d'un jour appelées respectivement A0 et A1 (cf. chapitre 4, *Technique d'élevage larvaire intensive en eau claire,* p. 78). Il conviendra de mettre en incubation les cystes d'artémia la veille de leur distribution aux larves lorsqu'on est en phase d'utilisation de A0 et l'avant-veille en phase de A1. Ces proies sont systématiquement enrichies à l'aide de complexe lipidique d'origine marine disponible dans le commerce de manière à garantir leur qualité nutritionnelle. Elles sont récoltées par vidange du bac à l'aide d'un tamis de maille 100 µm.

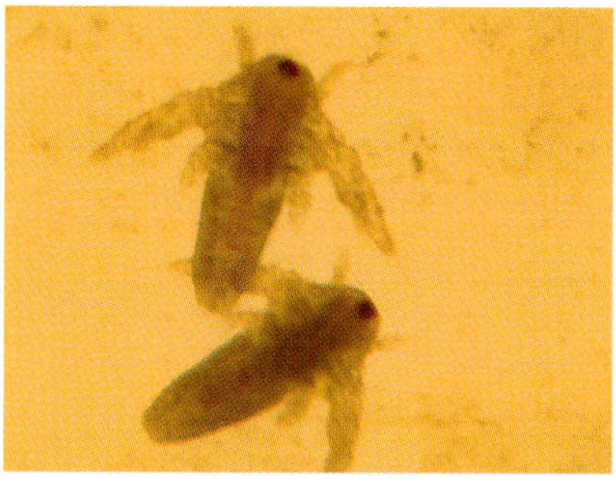

Photo 24. *Artemia salina* observée à la loupe binoculaire (© Ifremer Martinique).

Les rotifères (*Brachionus plicatilis, photo 25*) doivent être cultivés sur des périodes plus longues et nécessitent un atelier plus spécifique. Avant le début de l'élevage larvaire, les cultures peuvent être démarrées soit à partir d'œufs de durée conditionnés en tubes (vials) et commercialisés en petits lots qu'il est fastidieux et long à multiplier, soit à partir d'*inoculum* (starter) de quelques dizaines de millions d'individus commercialisés par des sociétés spécialisées, soit à partir de souches gérées par les écloseries elles-mêmes, ce qui nécessite un travail d'entretien de ces souches toute l'année.

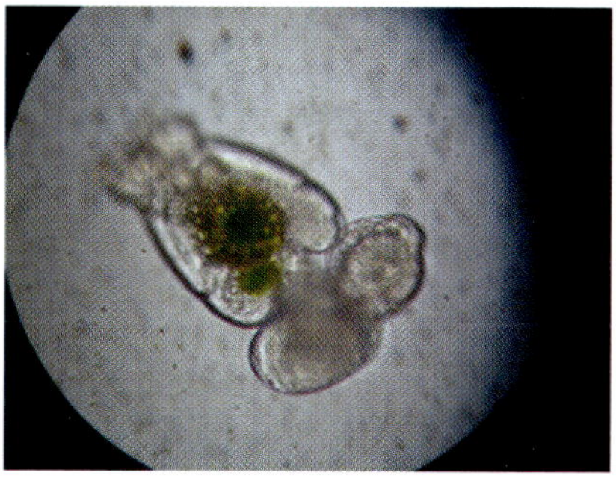

Photo 25. Rotifère *Brachionus plicatilis* observé à la loupe binoculaire (© Ifremer Martinique).

En fonction de l'option choisie, les cultures devront ainsi être lancées plus ou moins longtemps avant le début de l'élevage larvaire: 10 à 15 jours lorsqu'on démarre à partir de starter, 2 à 3 semaines à partir de souches et 4 à 6 semaines à partir de vials.

Il existe une multitude de protocoles de culture utilisés dans les différentes écloseries qui présentent des variantes entre eux. Cette phase est souvent perçue comme aléatoire en raison de chutes de production survenant parfois sans explication rationnelle. Pourtant, le respect de certaines règles et une gestion rigoureuse permettent de limiter ces accidents. Nous nous bornerons ici à décrire la technique utilisée à la station de Martinique (Connan, 2009) qui a fait ses preuves dans nos environnements tropicaux. Elle est constituée de trois parties: l'entretien des souches entre les périodes d'élevage larvaire, la montée en production à partir des souches avant le démarrage de l'élevage larvaire, la procédure de culture proprement dite qui permet une production quotidienne continue correspondant aux besoins des élevages.

L'entretien des souches consiste à maintenir en petit volume un lot de rotifères à l'état végétatif dans une zone peu éclairée, sans apport d'air ni d'oxygène, en conditions stériles. Par sécurité, il est conseillé de prévoir 3 ou 4 souches individuelles qui seront conservées dans des erlens de 500 ml. Deux générations de chaque souche sont gardées en permanence (mère et fille). Les erlens sont remplis avec environ 150 ml d'eau de mer filtrée (filtre à cartouche 1 µm) et autoclavés à 120 °C pendant 30 minutes. À chaque repiquage qui intervient une fois par semaine, une petite quantité de rotifères des générations les plus jeunes de préférence est prélevée à la flamme et placée dans les nouveaux erlens. Ces souches sont nourries 2 à 3 fois par semaine manuellement avec du phytoplancton frais exclusivement (*Nanochloris* sp.), cultivé en conditions stériles. Une fois les nouvelles souches bien démarrées, les générations les plus anciennes peuvent être éliminées. Cette gestion des souches est réalisée tout au long de l'année.

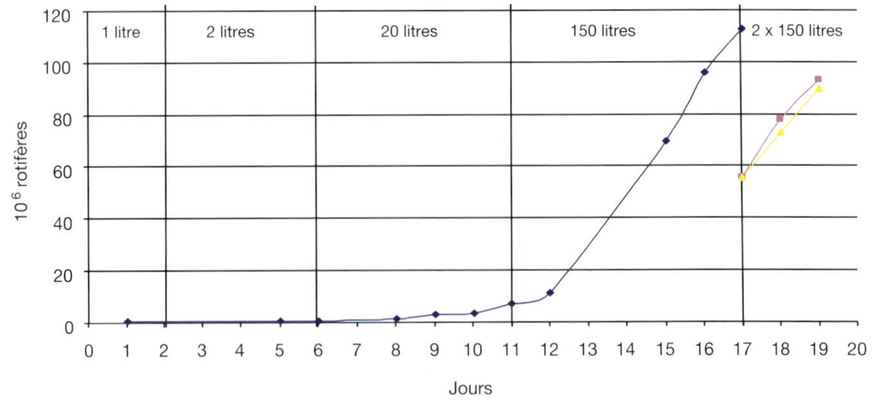

Figure 34. Évolution de la quantité de rotifères en culture au cours de la phase de montée en production initiale (d'après Connan *et al.*, 2009).

La montée en production des cultures de rotifères est assurée en utilisant des enceintes successives de volume croissant (*figure 34*). Avant de démarrer, il est conseillé de disposer d'une quantité suffisante d'algues de bonne qualité en ballons de 2 litres stériles qui serviront à alimenter les cultures de rotifères jusqu'aux ballons de 20 litres. Plusieurs erlens souches de rotifères sont d'abord placées dans des ballons de 2 litres stériles contenant chacun 2 à 300 ml d'eau de mer stérile et une petite quantité d'algues prélevée dans un ballon de 2 litres afin d'obtenir une coloration bien verte. Les cultures sont aérées et homogénéisées par un bullage modéré à l'aide d'une canne de verre et sont alimentées tous les jours en algues afin de maintenir une coloration verte adéquate. Au bout de 3 à 5 jours, en fonction des performances, la concentration dans les ballons est d'environ 50 Bp/ml ; ils peuvent être transférés dans un ballon de 20 litres complétés avec de l'eau de mer stérile. Après quelques jours, ce ballon de 20 litres peut être réparti dans deux ou trois ballons identiques. À partir de ce stade, on peut utiliser des algues produites en plus grand volume non stérile. Au bout de 4 à 6 jours de culture, la densité en rotifères se situe à environ à 100 Bp/ml.

Photo 26. Unité de production composée de 2 bacs de culture de rotifères alimentés à l'aide d'une pompe péristaltique avec un complexe de levure enrichie (© Ifremer Martinique).

Ces cultures de rotifères en ballons sont récoltées sur un tamis de 64 µm, nettoyées et regroupées dans un bac de production de 150 litres à raison de 150 à 300 Bp/ml. À partir de ce stade, les rotifères sont nourris le matin avec des algues cultivées en grand volume de 300 litres (10 litres par jour de *Nanochloris* sp. à 15 millions de cellules par millilitre) et de levure enrichie distribuée 24 h/24 à l'aide d'une pompe péristaltique (*photo 26*). L'oxygène dissous est maintenu à un niveau supérieur à 70 % de la saturation grâce à un bullage central suspendu vingt centimètres au-dessus du fond du cône. Chaque jour, le bac est complété avec 30 à 40 litres d'eau de mer filtrée à 1 µm et traitée aux UV. Durant cette montée en production, la culture subit un nettoyage total un jour sur deux et le volume est ajusté de manière à maintenir une densité de 200 à 400 Bp/ml. Une fois le bac rempli à 150 litres et la densité de 500 Bp/ml atteinte, la population est répartie dans deux bacs de 150 litres, en maintenant une densité de 300 à 500 rotifères par millilitre. Ces deux bacs seront gérés de la même manière que précédemment jusqu'au remplissage et à l'obtention de la densité nominale de 500 à 600 Bp/ml qui permet de garantir une bonne qualité de la culture.

Dans la **procédure de culture des rotifères en phase stabilisée**, les bacs fonctionnent par paire, avec une récolte partielle de la culture (environ 25 % du volume) sur la moitié des bacs et un tamisage/nettoyage total de la culture sur l'autre moitié, en alternance tous les jours (*figures 35 et 36, photo 27*). Ce tamisage partiel intervenant un jour sur deux sur la moitié des bacs correspond à la récolte quotidienne destinée à alimenter les larves. Il peut être assimilé aux « intérêts » prélevés sur un « capital-stock » de rotifères. Le nettoyage total correspond à un tamisage de la totalité de la culture dans un seau et de son nettoyage à l'aide d'une maille fine pour éliminer les impuretés (amas d'algues non consommées, particules de levure...). Ce système de production en continu est utilisé depuis 2004 aux Antilles françaises. Il permet d'assurer les élevages larvaires tant au niveau expérimental que dans les écloseries privées avec un nombre très limité d'incidents. Sur un cycle d'alevinage, on obtient un ratio volume de culture de rotifères/volume d'élevage larvaire de deux tiers, ce qui correspond à 12 litres de culture de rotifères par millier de juvéniles produits.

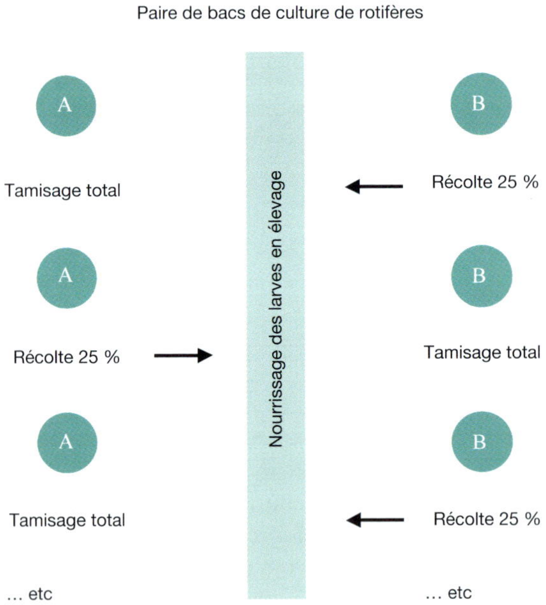

Figure 35. Principe de la production en continu de rotifères, appliqué à l'Ifremer Martinique.

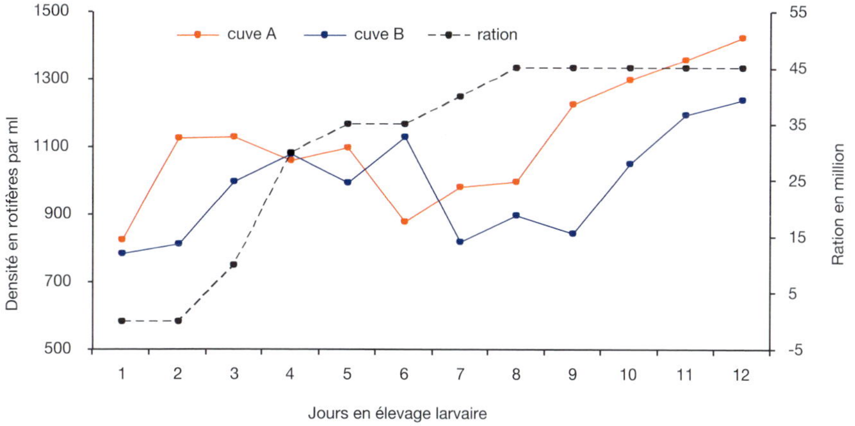

Figure 36. Évolution de la densité de rotifères en culture durant un élevage larvaire d'ombrine (d'après Connan *et al.*, 2009, © Ifremer Martinique).

Photo 27. Récolte de rotifères à l'aide d'un tamis de maille 64 µm (© Ifremer Martinique).

L'algue utilisée à l'Ifremer Martinique est principalement *Nanochloris* sp., phytoplancton d'environ 2 µm de diamètre qui est conservé en souche dans des tubes stériles, repiqué chaque semaine. Les **cultures d'algues** en petit volume sont réalisées en condition stérile en erlens et ballons de 2 litres dans de l'eau de mer enrichie en sels minéraux et vitamines (milieu de Conway). La concentration dans les ballons de 2 litres est de 30 à 40 millions de cellules par millilitre. La production est poursuivie en cylindres de 300 litres ensemencés avec 2 ballons de 2 litres (*photo 28*). La concentration dans ces volumes est d'environ 15 millions de cellules par millilitre. Les algues sont utilisées à partir de 6 ou 7 jours de culture et au-delà tant que la qualité reste correcte. Compte tenu de la nécessité de gérer les souches d'algues tout au long de l'année, les écloseries de production préfèrent généralement avoir recours à des concentrés d'algues commercialisés par des sociétés spécialisées, conservés au réfrigérateur et utilisés pendant 8 à 10 jours.

Photo 28. Culture d'algues phytoplanctoniques (© Ifremer Martinique).

Il est important de noter que, pour les deux catégories de proies, il est nécessaire de **garantir leur qualité nutritionnelle** à l'aide de produits d'enrichissement constitués essentiellement d'huile de poisson et de divers compléments nutritionnels. L'objectif est de produire des proies répondant aux besoins nutritionnels des larves de poisson marin, particulièrement en termes d'acides gras polyinsaturés (AGPI) dont certains sont essentiels au bon développement des larves car elles ne peuvent pas les synthétiser de manière satisfaisante. En effet, les rotifères et, pire encore les artémia, en sont naturellement pauvres et présentent des qualités qui peuvent varier considérablement selon leur origine géographique, et même au sein d'une même origine entre différents lots. Les conséquences d'une carence alimentaire des proies peuvent être dramatiques sur les larves : hypersensibilité au stress, ralentissement de croissance et même mortalités massives. Pour être efficace, l'enrichissement doit être effectué sur une durée minimale de 6 h et idéalement sur 24 h.

Il y a quelques années, lorsque ces produits d'enrichissement n'étaient pas encore commercialisés, on utilisait une mixture composée d'huile de foie de morue, de prémix vitaminique d'usage vétérinaire et d'un émulsifiant, la lécithine de soja. Mais actuellement une multitude de produits prêts à l'emploi existent sur le marché avec des compositions qui varient sensiblement selon l'utilisation envisagée. Trois AGPI sont jugés particulièrement importants, il s'agit de l'acide eicosapentaenoïque C20:5n-3 (EPA), de l'acide docosahexaenoïque C22:6n-3 (DHA) et de l'acide arachidonique C20:4n-6 (ARA). Chez l'ombrine, ces besoins ont été estimés à 0,25 % du poids sec pour l'EPA, à 0,33 % pour le total EPA + DHA (Soletchnick *et al.*, 1990). Craig *et al.* (1994) considèrent qu'un niveau de 0,3 % à 0,4 % de DHA est nécessaire dans les rotifères pour garantir une croissance des larves optimale. Sur des juvéniles, Lochmann et Gatlin (1993a, b) mentionnent un besoin de 0,3 % à 0,6 % pour le total EPA + DHA. Ils précisent aussi que ces besoins augmentent avec le niveau global de lipides dans l'aliment ; ils observent ainsi une meilleure croissance chez les poissons nourris avec un taux de 10 % du total lipidique.

Dans le cas des rotifères, cette qualité nutritionnelle peut aussi être obtenue lorsqu'ils sont nourris d'algues qui amènent généralement ces éléments. Ainsi, la teneur en AGPI augmente d'un facteur 5 à 6 entre des rotifères cultivés sur levure pure et algues pures, et d'un facteur 1,5 à 3 entre rotifères cultivés sur levure pure et levure enrichie à l'huile d'origine marine. Toutefois, l'effet des algues semble varier selon les espèces et l'âge de la culture algale. Ces produits d'enrichissement induisent une augmentation de la charge bactérienne dans les cultures par comparaison à l'utilisation d'algues (Haché et Plante, 2011). Les résultats obtenus par ces mêmes auteurs montrent qu'avec le même enrichissement les artémia contiennent 3 à 5 fois plus de bactéries que les rotifères. Indépendamment de l'effet nutritionnel de l'algue, on observe que les cultures de rotifères sur algues fraîches sont plus stables que celles réalisées exclusivement sur levure, même enrichie, ce qui confère un confort et une sécurité supplémentaire.

Protocole de culture des rotifères

Le principe général de ce protocole consiste en la récolte de rotifères correspondant aux « intérêts » d'un capital-stock en culture continue. Les cultures montent en production à partir de souches conservées en milieu stérile. Elles passent dans des volumes croissants en étant alimentées en phytoplancton frais. Une fois en volume stabilisé, le module de production est constitué de bacs en nombre pair. Ceux-ci sont totalement tamisés et nettoyés en alternance, un jour sur deux, l'autre bac étant récolté à raison de 25 % du volume pour alimenter les larves de poisson. Afin de garantir leur qualité nutritionnelle, les proies sont nourries en continu, 24 h/24, avec de la levure enrichie en lipides ; elles reçoivent une complémentation en algues fraîches une fois par jour.

Pré-grossissement

Une fois la larve sevrée, elle présente une morphologie et un comportement d'adulte miniature, devient de plus en plus robuste et accepte des manipulations (pesée, comptage, tri...), ce qui permet un meilleur contrôle des conditions d'élevage. Il s'agit d'une période ne présentant pas de difficulté particulière sous réserve de bien mettre en adéquation la ration alimentaire (quantité et granulométrie) avec la croissance, très rapide à cet âge-là. On enregistre un doublement du poids chaque semaine et les changements de taille de granulés sont fréquents et doivent être progressifs avec une superposition quasi permanente entre les granulométries successives pour permettre à toute la population de s'alimenter convenablement (cf. *tableau 21*, p. 108, chapitre 5, *Nutrition, alimentation et rejets*).

Durant cette phase, la densité est encore diminuée par rapport à la phase précédente de sevrage pour être portée à environ une à deux larves par litre. La charge dépasse rarement 5 kg/m^3 mais le cannibalisme peut venir gêner le bon déroulement de l'élevage si l'hétérogénéité de taille et la ration ne sont pas correctement contrôlées. En bacs de petit volume (350 litres) dans les installations expérimentales de l'Ifremer Martinique, la gestion de l'élevage est plus aisée et, grâce à une alimentation bien dimensionnée, on obtient une homogénéité de taille permettant de ne plus être contraints de recourir à des tris. En conditions de production, il s'agira de trouver le bon compromis entre densité, ration alimentaire, homogénéité de taille des larves et qualité sanitaire de l'élevage. Le métabolisme étant très élevé, les besoins alimentaires augmentent rapidement, ce qui peut engendrer une auto-pollution du milieu et l'émergence de pathogènes comme *Amyloodinium ocellatum* ou *Flexibacter maritimus* (cf. chapitre 5, *Gestion sanitaire du cheptel et pathologies en élevage,* p. 118). La diminution de la ration permet de mieux contrôler la qualité du milieu. Elle peut toutefois favoriser l'apparition de cannibalisme, même avec un recours à des tris pour homogénéiser les lots. Le *tableau 15* fournit la correspondance entre l'espacement des barreaux du trieur et la taille des poissons retenus.

Tableau 15. Correspondance entre l'espacement des grilles de tri et la taille des individus retenus.

Espacement barreaux (mm)	1,5	2	3	4	5	6	8
Sélectivité à 50 % (longueur standard en mm)	11	14	20	26	40,5	45	58

En termes de performance, la survie enregistrée en pré-grossissement se situe entre 95 % et 100 %. Les croissances obtenues dans le cadre du programme génétique mené en Martinique ont permis d'établir un modèle sur 21 familles non triées durant les 60 premiers jours de développement (*figure 37*). L'alevin atteint un poids moyen de 2 g à 38 jours contre 62 jours dans le standard utilisé en 1993 (Goyard *et al.*, 1993a), soit un gain de temps de 40 % environ sur la durée de production du juvénile. L'ensemble des protocoles d'élevage de la larve d'ombrine est synthétisé dans le schéma ci-contre.

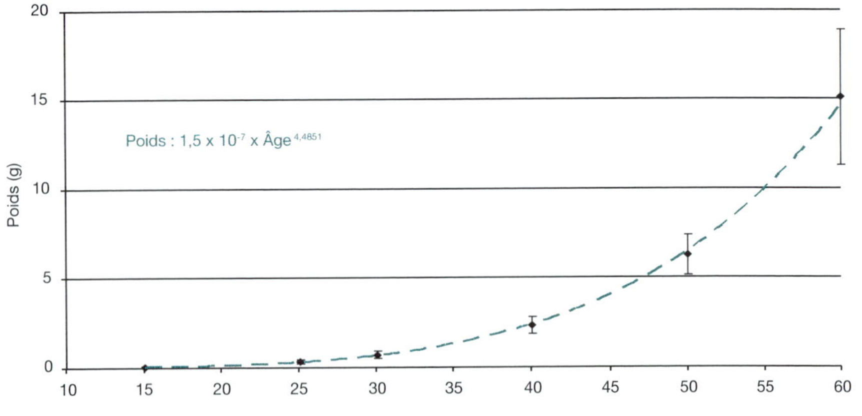

Figure 37. Croissance obtenue durant la phase précoce (0-60 j) sur 21 familles constituées entre 2004 et 2007 en Martinique (température 28,8 °C +/- 1,2 °C).

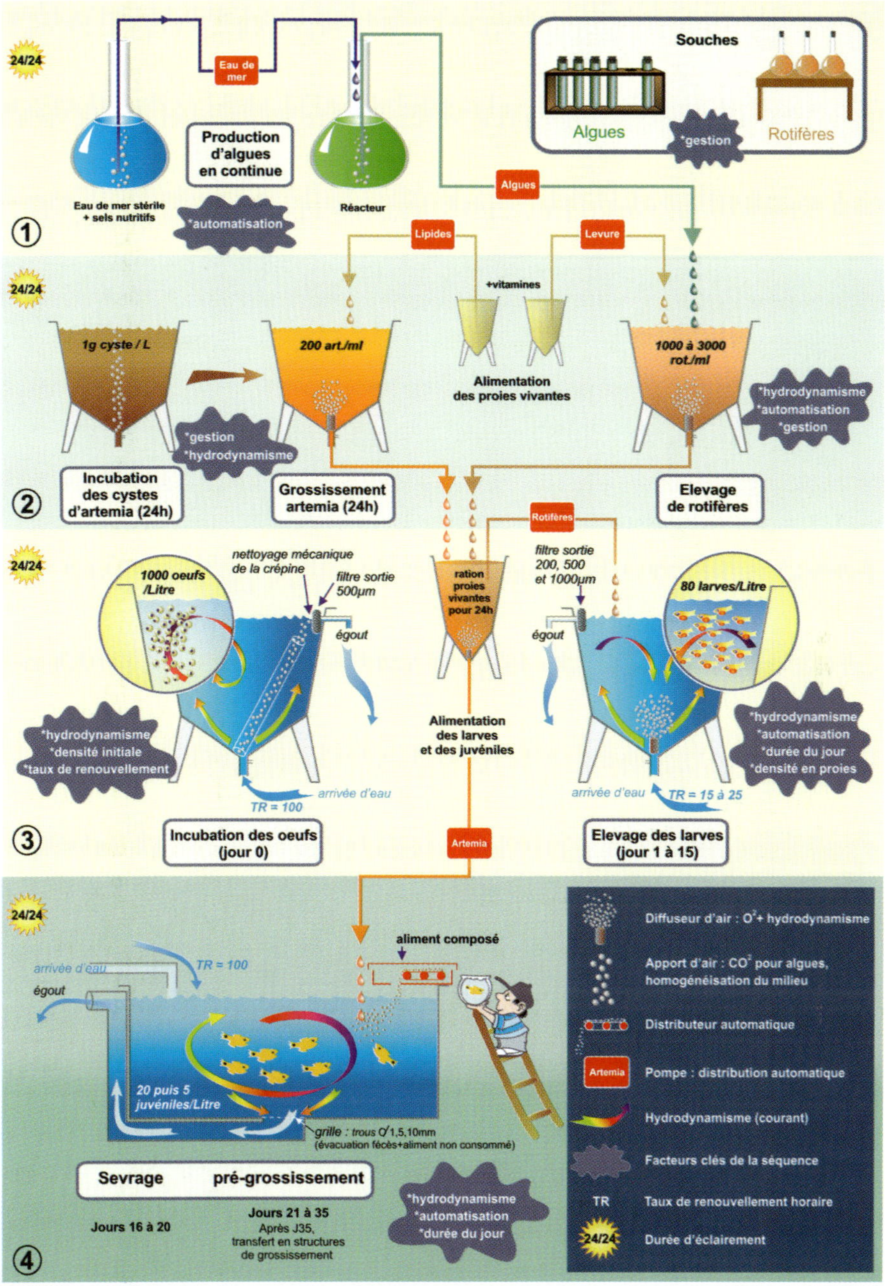

Synthèse des protocoles d'élevage de l'ombrine durant les premières semaines de développement (d'après Petton, 2006c, © Ifremer, Sylvie Gros).

5

Grossissement, gestion sanitaire et qualité de la chair

Grossissement

Les techniques de grossissement employées pour l'ombrine ne diffèrent pas fondamentalement de celles utilisées pour d'autres espèces de poissons marins, notamment en milieu tempéré. C'est une espèce très euryhaline qui se développe bien dans des eaux saumâtres et peut même vivre dans de l'eau douce pure (cf. chapitre I, *Préférences environnementales*), ce qui lui confère un potentiel d'élevage même à l'intérieur des terres. Mais la production aquacole est quand même recensée plutôt en eau de mer, que ce soit en cages flottantes comme en Chine ou dans des îles tropicales (DOM français, Maurice), ou en bassins en terre comme aux États-Unis et en Équateur à la fin des années 90.

Aux États-Unis, à cause des conditions thermiques, les juvéniles sont souvent pré-grossis dans des structures protégées, sous serre par exemple, de manière à aleviner les bassins extérieurs au printemps, après la saison froide, avec des juvéniles plus résistants. Par la suite, durant le grossissement, le cheptel doit passer une autre saison froide avant d'atteindre la taille commerciale, ce qui provoque des ralentissements de croissance et parfois des mortalités. Les conditions de grossissement correspondent globalement à celles décrites en 1997 en Louisiane par Lutz *et al.*, et en Caroline du Sud en 1993 par Sandifer *et al.* (*tableau 16*).

Tableau 16. Conditions du grossissement en bassin en terre aux États-Unis.

	Sandifer *et al.* (1993)	**Lutz *et al.* (1997)**
Bassins (ha)	0,1	2,5
Alimentation en eau (‰)	Saumâtre 28 – 32	Puits eau de mer et eau douce
Aération (HP/ha)	7,5 – 10	2,5
Température (moy. mensuelles)(°C)	Maxi : 30 Mini : 10	NA
Juvéniles (g)	1,7 – 4,3	1,4 – 4,3
Densité (ind/ha)	7 500 – 22 500	4 400 – 32 000
Aliment (%)	Protéines : 38 Lipides : 8	Protéines : 42 puis 38
Durée grossissement (semaines)	77 – 78	70
Taille commerciale (kg)	0,9 – 1,4	1

Cependant, l'essentiel de la production aquacole marine d'ombrine reste réalisé en cages, avec des dispositifs plus ou moins élaborés selon le niveau de technicité et le type de développement, artisanal ou industriel (*photo 29*).

Photo 29. Systèmes de cages utilisés pour le grossissement de l'ombrine en Martinique : a) cages flottantes à structure en bois (© Ifremer Martinique) ; b) cubitainers en plastique (© Ifremer, Olivier Dugornay) ; c) tubes en polyéthylène (© Ifremer Martinique).

À ce titre, on peut noter l'émergence d'une technologie intéressante pour les milieux tropicaux avec les dispositifs de cages offshore qui permettent de se protéger du passage de cyclones grâce à la possibilité d'immerger les structures d'élevage quelques dizaines de mètre sous la surface (*photo 30*). Le principe est basé sur :

- une armature de cage en tubes de polyéthylène, équipés de valves qui permettent leur remplissage d'eau au moment de l'immersion et d'air pour la remontée en surface ;
- un système d'amarrage comprenant des lests, contrepoids et bouées, reliés entre eux par un réseau de cordages ;
- un dispositif qui permet à la cage en immersion de se positionner quelques mètres au-dessus du fond, avec une flottabilité légèrement positive.

De telles infrastructures d'élevage ont été mises au point et testées à la Réunion dans une ferme produisant de l'ombrine en site exposé. Elles ont résisté sans perte ni dégât à plusieurs événements cycloniques. À noter que le même type de cage a été installé également à l'île Maurice et que deux installations du même genre ont été installées en 2011 en Guadeloupe et en Martinique.

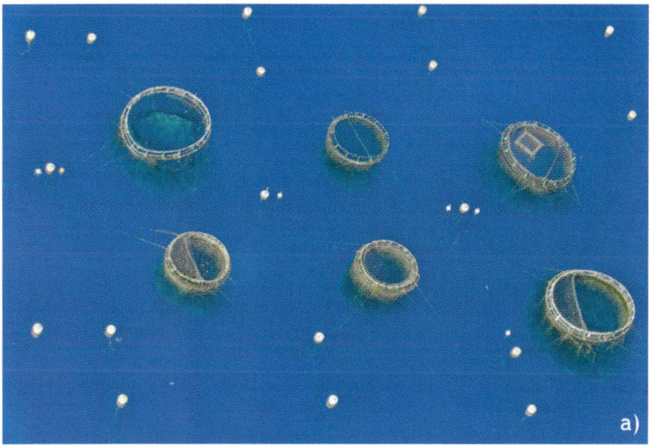

Photo 30. Cages immergeables pour le grossissement de l'ombrine à la Réunion : (a) vue aérienne du réseau d'amarrage (© ARDA) ; b) vue sous-marine de la cage et c) vue sous-marine du système d'amarrage (© ARDA, Alain Diringer).

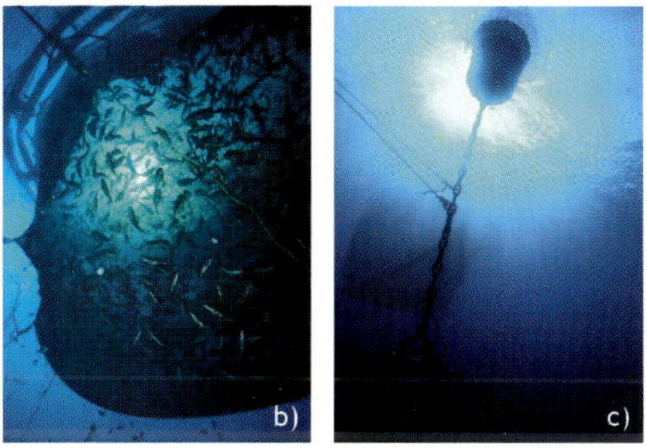

Indépendamment de cette technologie qui, compte tenu de son coût, est réservée à des fermes suffisamment importantes, il est important d'adapter ses installations au degré d'exposition du site. L'expérience a montré qu'une infrastructure en mer doit résister à des conditions difficiles, il faut donc que son dispositif d'amarrage soit bien dimensionné. Des épisodes cycloniques survenus aux Antilles ont montré que les structures d'élevage flottantes avaient été détruites non par rupture des cages elles-mêmes mais parce que l'amarrage n'avait pas résisté et que le radeau avait échoué sur la côte. Le type et la taille des cages interviennent aussi. Les systèmes dotés de chandelier auxquels sont suspendus les filets fournissent une prise au vent supérieure aux structures plus basses sur l'eau.

S'agissant des filets, comme pour l'élevage des espèces tempérées, il est évidemment nécessaire d'adapter sa maille à la taille du poisson, en optimisant le renouvellement de l'eau dans la cage. Les conditions thermiques tropicales induisent un développement exacerbé du *biofouling* (algues, éponges...), selon les conditions de site (température, qualité de l'eau, courantologie...) et la maille du filet ; il s'avère nécessaire de le changer toutes les 3 à 6 semaines sous peine de voir une détérioration des performances d'élevage. En conditions de mer océanique, la colonisation des filets est bien moindre que celle des sites plus fermés.

Pour des raisons mal connues mais probablement liées à ses habitudes dans le milieu naturel, l'ombrine est une espèce qui préfère coloniser la partie inférieure de la colonne d'eau. Elle remonte à proximité de la surface pour former un banc compact au moment de la distribution d'aliment. Elle se concentre le reste du temps dans la partie inférieure de l'enceinte d'élevage, ce qui provoque une augmentation localisée de la biomasse par mètre cube. Il faudra en tenir compte dans les proportions de la cage qui devra être suffisamment profonde pour assurer son bien-être, mais pas trop pour éviter de gaspiller du volume non utilisé. Une profondeur de 4 à 8 mètres est le plus souvent utilisée pour les cages artisanales dont les volumes dépassent rarement les 500 mètres cubes. Les principales conditions de grossissement aux Antilles sont indiquées dans le *tableau 17*.

Tableau 17. Conditions générales du grossissement de l'ombrine en cages flottantes aux Antilles.

Structure d'élevage	Cage flottante
Volume unitaire cage (m^3)	100 – 800
Température (°C)	Moyenne annuelle : 28,8 (± 0,3) Moyennes mensuelles : 25,5 (mini), 31,2 (maxi)
Taille juvéniles (g)	1 – 2
Biomasse grossissement (kg/m^3)	15 – 20 maxi
Aliment (%)	Protéines : 47 Lipides : 13
Durée grossissement	Pêche sélective dès 6 mois jusqu'à 12 mois
Tailles commerciales (%)	Portion (300 – 600 g) : 15 – 20 Poisson à fileter (0,6 – 2 kg) : 75 – 80 Poisson familial (2 kg et +) : < 10

Croissance

Comme tous les poissons, la croissance de l'ombrine dépend des conditions environnementales, et particulièrement de la température de l'eau. Dans sa zone de répartition naturelle, elle est répertoriée jusqu'à des poids élevés, de plusieurs dizaines de kilogrammes et montre l'influence des variations saisonnières (cf. chapitre 1, *Alimentation et croissance dans le milieu naturel*, p. 16). De nombreuses données existent, issues pour la plupart d'élevages en environnement tropical ou subtropical, mais elles se limitent à une gamme de poids inférieure, correspondant à la taille marchande, de 2 à 3 kg au maximum.

En milieu tempéré, on a vu que les techniques de grossissement utilisées aux États-Unis préconisent une mise en bassins au printemps alors que les juvéniles sont déjà âgés d'environ 6 mois. La taille commerciale de 1 kg à 1,4 kg est atteinte à l'automne de l'année suivante. Les poissons sont alors âgés de 22 à 23 mois et ont subi deux saisons hivernales.

En milieu tropical, plusieurs références sont disponibles dans la bibliographie. La plus récente et la plus représentative du potentiel de l'espèce dans ces conditions thermiques a été établie entre 2004 et 2008 sur une série de 21 familles constituées dans le cadre du programme génétique mené par l'Ifremer en Martinique (Falguière, 2008). La croissance jusqu'à des poids de 5 à 6 kg peut être décrite par le modèle polynomial d'ordre 2 suivant :

$$P = -0{,}0015\ t^2 + 6{,}2611\ t - 515{,}48 \quad (r^2 = 0{,}9636)$$

où t est l'âge en jour pris à partir de l'éclosion de l'œuf, P est obtenu en g.

On enregistre une inflexion de la croissance intervenant vers 2 à 3 kg correspondant, selon toute vraisemblance, à l'apparition de la maturité sexuelle. Au moment de la puberté, le poisson utilise une partie de son énergie pour l'activité reproductrice au détriment de la croissance. Chez les reproducteurs en cages ou en bassins, on n'observe que très rarement des poids au-delà de 8 à 9 kg, même chez des individus très âgés. La croissance semble plafonner pour des raisons peut-être liées à la vie en captivité et à l'influence des structures d'élevage. Notons que Wenner (1992) présente des données issues du milieu naturel sur lesquelles il observe un fort ralentissement de la croissance vers 9 kg à un âge de 7 à 10 ans. Au-delà de ce poids, la croissance est linéaire et correspond à environ 200 g par an.

Lorsqu'on s'intéresse à la gamme de poids habituellement pratiquée en production commerciale, on exploite la phase exponentielle, très peu influencée par l'apparition de la puberté (*figure 38*). Le modèle de croissance ci-dessous établi en Martinique décrit mieux la croissance entre 0 et 2 kg :

$$P = 0{,}0086\ t^2 + 1{,}0919\ t - 71{,}506 \quad (r^2 = 0{,}9881)$$

où t est l'âge en jour pris à partir de l'éclosion de l'œuf, P est obtenu en g.

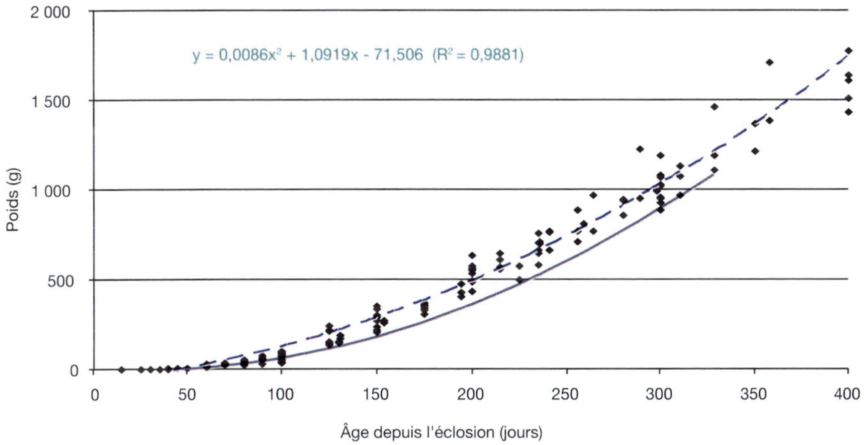

Figure 38. Croissance obtenue en grossissement en cages flottantes à la Martinique à partir de 21 familles différentes ; le temps 0 est pris à l'éclosion de l'œuf.

Ces données montrent que l'on atteint les poids moyens de 1, 2 et 3 kg au bout respectivement de 295, 430 et 670 jours après l'éclosion de l'œuf, croissance qui est également observée chez les producteurs martiniquais. Précisons que les résultats ci-dessus correspondent à des moyennes. Ils ont été obtenus dans la baie du Robert en Martinique dans les conditions suivantes : températures moyennes mensuelles de l'eau de mer allant de 25,5 °C à 31,2 °C (moyenne annuelle : 28,8 °C), alimentation 7 j/7 à raison d'une distribution manuelle quotidienne, granulé titrant 47 % de protéines et 13 % de lipides, charges en élevage ne dépassant pas 15 à 20 kg/m^3.

Sur la *figure 38* est indiquée en gris la croissance modélisée à partir des données enregistrées lors de différents essais de grossissement réalisés à l'échelle pilote dans les années 90 (Falguière *et al.*, 1993). La comparaison de ces deux jeux de données fait apparaître, à âge équivalent, un gain moyen de poids de 25 % à 30 % sur la phase 40-1 200 g que l'on pourrait attribuer à une meilleure maîtrise globale de la zootechnie.

Ce modèle de croissance nous permet de générer une modélisation des taux de croissance journaliers (TCJ) qui peuvent être utilisés comme point de repère. Ils ne doivent toutefois pas être considérés comme des références absolues, compte tenu de la variabilité qu'il existe entre les croissances des différents lots (*tableau 18*). Ils sont à tempérer par l'éleveur en fonction de son expérience qui lui permettra d'intégrer les conditions entourant son grossissement.

Tableau 18. Évolution du taux de croissance journalier (TCJ) au cours de la croissance de l'ombrine en grossissement entre 20 g et 1 kg (Falguière *et al.*, 1993).

Gamme de poids (g)	**TCJ** (%/jour)
20 – 30	12,08
30 – 40	8,55
40 – 50	6,69
50 – 60	5,64
60 – 70	4,88
70 – 80	4,15
80 – 90	3,67
90 – 100	3,40
100 – 120	2,97
120 – 140	2,58
140 – 160	2,28
160 – 180	2,05
180 – 200	1,87
200 – 250	1,65
250 – 300	1,41
300 – 350	1,24
350 – 400	1,12
400 – 450	1,03
450 – 500	0,95
500 – 600	0,86
600 – 700	0,77
700 – 800	0,70
800 – 900	0,65
900 – 1000	0,60

Enfin, plusieurs relations taille-poids ont été réalisées à partir de données issues de poissons péchés dans le milieu naturel (cf. chapitre 1, *Alimentation et croissance dans le milieu naturel,* p. 16). Le modèle le plus récent réalisé en élevage en Martinique donne la relation suivante :

$P = 0{,}0269 \times L^{2{,}817}$

où L est la longueur totale en cm et P le poids en g.

Survie

Les mortalités en grossissement sont peu élevées en raison d'une bonne rusticité de cette espèce en captivité. Lorsqu'elles interviennent, elles sont plutôt observées en début d'élevage, suite au transfert des alevins de l'écloserie aux cages. Un certain nombre d'agents pathogènes sont susceptibles de s'attaquer à cette espèce (cf. chapitre 5, *Gestion sanitaire du cheptel et pathologies en élevage,* p. 118) mais peu sont véritablement dangereux lorsque les conditions d'élevage sont adéquates.

Un premier modèle réalisé par Falguière en 1993 correspondait à une survie mensuelle moyenne de 97,8 % sur différents essais réalisés en conditions pilotes. Plus récemment, un jeu de données (n = 105) sur 21 familles élevées en cages en Martinique, de J100 à J1 000 a été généré par l'Ifremer entre 2004 et 2009. On obtient des résultats assez proches avec une survie mensuelle de 98,5 % :

$\text{Survie} = -0{,}0005\ t + 0{,}99$

où t est le temps passé en cages en jours.

Ainsi, si l'on combine ces modèles de croissance et de survie en grossissement, en considérant une taille de mise en cages des alevins à 2 g (soit un âge de 38 jours en moyenne), on obtient les résultats indiqués dans le *tableau 19.*

Tableau 19. Performances du grossissement en cages, en fonction du poids visé à partir des modèles élaborés.

Poids final (g)	**Âge depuis l'éclosion** (j)	**Durée de l'élevage en cages** (j)	**Survie finale** (%)
1 000	295	257	86,2
1 500	370	332	82,4
2 000	430	392	79,4
2 500	555	517	73,2
3 000	670	632	67,4

Il faut considérer que les valeurs de survie obtenues dans le tableau ci-dessus sont probablement légèrement surestimées car elles sont basées sur un modèle de survie réalisé à partir de juvéniles de 100 jours, plus robustes que des alevins de 2 g. Ces valeurs ne sont qu'indicatrices et sont susceptibles de varier selon les conditions d'élevage de chaque site de production.

Nutrition, alimentation et rejets

Les besoins nutritionnels de l'ombrine sont bien renseignés dans la bibliographie, particulièrement par les équipes de recherche américaines. Pour une synthèse complète, on peut consulter la revue réalisée par Gatlin en 2002.

Les besoins protéiques de l'ombrine se situent selon différentes études entre 35 % et 45 % dans l'aliment. En outre, ces besoins peuvent varier en fonction de différents facteurs comme la taille du poisson, la température de l'eau ou la composition de l'aliment. Les études ne montrent pas d'amélioration de la croissance avec des taux de protéines supérieurs à 45 %. McGoogan et Gatlin (1998) ont chiffré les besoins protéiques pour le métabolisme à 2 et 20 g de protéines digestibles par kilogramme de biomasse et par jour pour le maintien ou l'optimisation de la croissance à une température de 25 °C. En plus de fournir les acides aminés nécessaires à la croissance, ces protéines peuvent aussi servir de source énergétique. En matière d'énergie digestible (ED), un niveau de 15 kJ/g dans l'aliment est considéré comme suffisant pour assurer une bonne croissance et une qualité de chair satisfaisante chez l'ombrine (Daniels *et al.*, 1986). Les besoins de l'ombrine en matière d'énergie digestible ont été évalués par McGoogan et Gatlin (1998) à 90 et 900 kJ/kg de biomasse et par jour pour assurer le maintien et l'optimisation de la croissance.

L'ombrine, comme la plupart des espèces dont le régime est à tendance carnivore, utilise volontiers les lipides comme source d'énergie. Ellis et Reight (1991) signalent même que l'énergie d'origine lipidique est préférentiellement utilisée par rapport à celle d'origine glucidique. Les besoins lipidiques ont été évalués par plusieurs auteurs qui mentionnent un taux de 7 % à 11 % dans l'aliment pour optimiser la croissance (Williams et Robinson, 1988). De nombreuses études ont montré que l'augmentation du taux de lipides au-delà de 14 % augmentait le taux de graisse du poisson, sans améliorer les performances d'élevage. Des travaux réalisés en Martinique ont mis en évidence que des taux de lipides à hauteur de 18 % dans un aliment à 47 % de protéines induisaient une augmentation de la quantité de graisse périviscérale mais ne modifiaient pas le taux de lipides dans la chair (Fauré, 2011). Chez l'ombrine, comme chez tous les poissons marins, il est nécessaire d'apporter par l'alimentation des acides gras polyinsaturés à longue chaîne du type C20 et C22 car ils ne peuvent pas, ou très peu, les synthétiser. Or, ils sont essentiels à certaines fonctions physiologiques (Lochmann et Gatlin, 1993a, b). Ces AGPI sont apportés par l'incorporation à l'aliment d'huile d'origine marine, généralement de l'huile de poisson, ils se retrouvent dans la chair, ce qui lui confère ses bienfaits reconnus sur le plan de la santé humaine. Il a été démontré que les juvéniles d'ombrine nécessitaient des apports d'AGPI de la famille n-3 (EPA C20:5n-3 et DHA C22:6n-3) à hauteur de 10 % des lipides totaux de l'aliment.

Les besoins de l'espèce en vitamines et en minéraux n'ont été étudiés que dans quelques cas. L'acide ascorbique (vitamine C) joue un rôle important dans l'organisme du poisson (synthèse du collagène, formation des arêtes). Sa déficience est suspectée d'influer sur les malformations vertébrales. Chez l'ombrine, un déficit en vitamine C a été mis en relation avec des lésions de la rétine et de la cornée. On a noté qu'un taux de 15 mg/kg d'aliment permettait d'optimiser la croissance des juvéniles (Aguirre et Gatlin, 1999). La choline (vitamine B) est une vitamine qui joue un rôle dans le métabolisme des graisses. Craig et Gatlin (1996) rapportent qu'un taux de 588 mg de choline par kilogramme d'aliment permet d'obtenir le meilleur gain pondéral. La vitamine E joue quant à elle un rôle important dans certains processus biochimiques et physiologiques comme antioxydant. Elle est connue pour améliorer la croissance et renforcer les défenses immunitaires. Peng et Gatlin (2009) ont évalué les besoins en vitamine E (sous forme α-tocophéryl acétate) à hauteur de 31 mg/kg d'aliment, mais ils mentionnent que l'augmentation de ce taux, au-delà de 60 à 80 mg, accroît l'immunité et la résistance aux maladies.

Quelques études réalisées sur des composés minéraux ont permis de mettre en évidence que des niveaux de zinc de 20-25 mg/kg d'aliment et de 0,86 % de phosphore sont requis pour l'alimentation de l'ombrine. D'autre part, une incorporation à hauteur de 2 % de chlorure de sodium et de chlorure de potassium a un effet bénéfique sur la croissance de l'ombrine en eau douce et saumâtre jusqu'à 6 ‰.

Compte tenu de l'impact du poste aliment dans le coût de production de l'ombrine d'élevage, (cf. chapitre 2, *Approche technico-économique de la production aquacole,* p. 38), une attention particulière doit être portée à sa formulation. En fonction des ingrédients choisis et de leur origine, le coût et les performances de chaque aliment peuvent varier sensiblement. Les protéines sont le plus souvent issues de farines de poisson car elles renferment des taux protéiques élevés (65 à 75 %). Par ailleurs, elles présentent l'avantage d'apporter aussi des lipides de qualité supérieure, particulièrement des AGPI. D'autres sources protéiques d'origine animale terrestre ont été utilisées dans le passé (farine de sang ou d'os par exemple), mais depuis 2000, l'utilisation de ces farines en aquaculture est interdite en France. Il est possible de remplacer, en partie au moins, ces farines de poisson par des farines végétales. Les aliments proposés par les provendiers intègrent ces recommandations (*tableau 20*).

Tableau 20. Synthèse des recommandations nutritionnelles dans l'aliment pour le grossissement de l'ombrine.

	Gamme	**Remarques**
Protéines (%)	35 – 45	Optimum : 44
Lipides (%)	7 – 11	EPA + DHA > 10% des lipides totaux
Énergie	> 15 MJ/kg	Énergie digestible/protéines : 35 à 45 kJ/g
Vitamines (mg/kg)	C > 15 mg/kg B > 588 mg/kg E > 31 mg/kg	Renforcement immunitaire : > 60 mg/kg

Deux types de procédé sont utilisables pour la fabrication de l'aliment, la pression et l'extrusion. Le deuxième revient plus cher mais la texture du granulé est plus ferme, il tient mieux à l'eau et présente moins de particules fines et de poussières qui constituent une perte pour l'éleveur. L'extrusion rend le granulé moins dense, ce qui est intéressant pour le grossissement en cages car, en coulant moins vite, il est disponible plus longtemps au cours de sa chute dans la colonne d'eau. En fonction du réglage de l'extrudeuse, une partie, voire la totalité du granulé, peut même flotter. L'ombrine s'accommode assez bien d'une prise alimentaire en surface bien que son comportement naturel en élevage l'incline plutôt à manger un à deux mètres sous la surface, voire sur le fond, comme on a pu l'observer en bassins. En utilisant un aliment totalement flottant, on peut mieux contrôler les refus alimentaires. Toutefois, le courant et les mouvements des poissons ont tendance à faire sortir les granulés hors de la cage. En fin de compte, chaque éleveur va choisir l'un ou l'autre procédé en fonction de ses possibilités financières et du degré d'importance qu'il donne à chacun de ces éléments.

Au cours de la croissance, la granulométrie de l'aliment doit être adaptée à la taille de la bouche du poisson (*tableau 21*). Les éleveurs ont généralement recours à une alimentation manuelle une fois par jour, sauf en début d'élevage où deux, voire trois, distributions quotidiennes sont préférables pour optimiser la croissance. Sur les cages, il est difficile d'installer des systèmes automatiques de distribution d'aliment, mais sur certains sites protégés où la mer est suffisamment calme, il est parfois possible d'utiliser des distributeurs à tapis. La ration quotidienne est calculée en fonction d'une table de rationnement mise au point expérimentalement comme celle indiquée dans le *tableau 22*. Mais ce type de table ne donne qu'un point de repère et l'expérience de l'éleveur est primordiale pour l'ajuster en fonction de facteurs comme les conditions de site (température de l'eau, courantologie par exemple), l'appétit des animaux ou s'il veut réguler la croissance de son cheptel. Il est aussi possible de nourrir les animaux la nuit car il a été observé que l'ombrine, surtout quand elle est jeune, est capable de se nourrir en partie la nuit, à raison d'environ un quart à un tiers de la ration quotidienne (P. Villanove, comm. pers.).

Tableau 21. Granulométrie de l'aliment à utiliser en fonction du poids de l'ombrine.

Poids (g)	**Type aliment**	**Diamètre aliment** (mm)
0,1 – 0,7	Miette	0,3 – 0,5
0,4 – 2,3	Miette	0,5 – 0,8
1,8 – 5,9	Miette	0,8 – 1,2
4,3 – 15	Granulé	1,4
9 – 47	Granulé	2,2
32 – 75	Granulé	3, 2
60 – 170	Granulé	4
130 – 420	Granulé	5,5
380 – 720	Granulé	7,5
680 – 1 100	Granulé	9,5
> 900	Granulé	11

Tableau 22. Taux de nutrition (pourcentage de la biomasse par jour) de l'ombrine en fonction de la taille pour une gamme de température de 26 °C à 29 °C et un aliment titrant 51 % de protéines et 6 % de lipides (Falguière *et al.*, 1993).

Poids moyen (PM) (g)	5	10	15	20	25	30	40	50	60	70	80
Taux de nutrition (TN) minimum	9,76	7,15	5,96	5,24	4,74	4,36	3,84	3,47	3,20	2,98	2,81
Taux de nutrition (TN) maximum	10,36	7,88	6,72	6,00	5,49	5,11	4,56	4,18	3,89	3,66	3,47
Poids moyen (PM) (g)	90	100	120	140	160	180	200	300	400	500	600
Taux de nutrition (TN) minimum	2,66	2,54	2,34	2,19	2,06	1,95	1,86	1,55	1,36	1,23	1,14
Taux de nutrition (TN) maximum	3,31	3,18	2,96	2,78	2,64	2,52	2,42	2,06	1,84	1,68	1,57

Les indices de conversion (IC) obtenus en cages sont très variables selon les conditions de nourrissage qui intègrent notamment la stratégie de l'éleveur. Celui-ci peut choisir d'optimiser la croissance ou l'IC en augmentant ou en diminuant la ration. L'ombrine est une espèce relativement malléable de ce point de vue là. Elle accepte assez facilement d'être sous-alimentée pendant une période donnée, sans détérioration de son état sanitaire, à condition de rester dans une mesure raisonnable. À l'opposé, une fois le taux d'alimentation optimum atteint, augmenter encore la ration ne conduit qu'à une dégradation de l'IC et à une augmentation du taux de graisse périviscéral, ce qui nuit aux performances économiques de l'entreprise. Les élevages pilotes menés en cages au début des années 90 ont montré que l'indice moyen se situait entre 1,6 kg et 1,8 kg d'aliment par kilogramme de poisson produit, respectivement en pré-grossissement et en grossissement (Falguière *et al.*, 1993). Ces résultats ont été obtenus avec un aliment contenant 51 % de protéines et 6 % de lipides pour la production de calibres 300 g à 1 kg. À l'heure actuelle, les IC obtenus en cages flottantes dans les DOM français sont dans la même fourchette pour ces calibres de poisson. Pour des calibres supérieurs à 2 kg, l'IC est généralement plus élevé (2 à 3), en raison probablement de l'utilisation d'une partie de l'énergie consommée pour la gamétogenèse. En bassins, des indices inférieurs à 1 ont pu être obtenus pour l'ombrine en conditions expérimentales, grâce à un meilleur contrôle de l'aliment ingéré. À titre de comparaison, on rapporte des indices compris respectivement entre 1,5 et 1,8 pour le bar et la daurade (PM 0,5 – 1 kg), élevés en cages en Europe.

L'utilisation d'une partie des protéines alimentaires pour les besoins énergétiques est génératrice de déchets azotés dans l'environnement par le biais de l'excrétion du poisson. Pour limiter cette excrétion azotée, on peut essayer de réserver les protéines pour la croissance tissulaire, en favorisant la fourniture énergétique par les lipides. Les protéines constituant le nutriment le plus onéreux de l'aliment, on a intérêt à les économiser. Cependant, on a vu que l'ombrine n'acceptait pas des taux de lipides élevés, ce qui réduit la marge de manœuvre. Si l'augmentation du taux de lipides dans l'aliment permet d'économiser les protéines, elle induit aussi une augmentation de l'adiposité du poisson, ce qui peut devenir gênant sur le plan commercial.

Les rejets de l'ombrine ont été étudiés en 2010 par Fauré *et al.* (2011), grâce à l'utilisation d'un marqueur neutre (oxyde d'yttrium) incorporé dans deux types d'aliments titrant respectivement 48 et 56 % de protéines et 18 et 12 % de lipides. Cette étude menée sur des ombrines entre 100 et 500 g a montré que la production d'un kilogramme d'ombrine générait la production de 50 à 57 g d'azote, 5 à 7 g de phosphore et de 130 à 139 g de matières en suspension selon les deux types d'aliments utilisés (*tableau 23*).

Chez la larve de moins de 8 jours, l'excrétion azotée a été étudiée par Torres *et al.* (1996) qui l'ont évaluée à 0,52 µg de NH_3 par milligramme de poids sec et par heure, en condition normale d'alimentation. En situation de jeûne, cette consommation est divisée par deux et correspond à ses besoins métaboliques de base.

Tableau 23. Rejets de l'ombrine (azote, phosphore et matières en suspension) pour deux types d'aliments, comparés aux rejets de deux espèces tempérées.

		Ombrine	Ombrine	Bar	Daurade
Aliment (protéines/lipides) (%)		56/12	48/18	48/18	46/16
Rejet (g/kg poisson produit)	**Azote**	56,6	49,6	74,0	76,0
	Phosphore	6,7	4,8	13,0	13,6
	MES	138,7	129,2	135,0	250,0

Performances zootechniques en production commerciale

Parallèlement à ces résultats obtenus en conditions expérimentales, voire pilotes, le *tableau 24* présente les performances observées selon deux modes d'exploitation de l'ombrine en conditions commerciales, l'une aux États-Unis, l'autre en Martinique. Les conditions de production correspondant aux modèles bassins en terre aux États-Unis et cages flottantes en Martinique sont indiquées dans les *tableaux 16 et 17* de ce chapitre.

Tableau 24. Résultats zootechniques obtenus en conditions commerciales : bassins en terre aux États-Unis et cages flottantes en Martinique (d'après Levassort *et al.*, 2010).

	États-Unis	Martinique
Croissance (g/jour)	2,52	3,33
Survie (%)	20	75
Indice de conversion	3,86	1,85
Rendement ($kg/m^3/an$)	0,28 (soit 4,203 t/ha)	15
Poids commercial	1,4 kg en 18,5 mois	350 g en 5 mois 800 g en 7 mois 1 kg en 10 mois

Ces résultats zootechniques ne préjugent en rien des performances économiques comparées de ces deux systèmes d'exploitation dans leurs conditions respectives car les investissements, les coûts opérationnels ou les charges salariales diffèrent. Il s'agit de deux modèles qui ont chacun leurs avantages et leurs inconvénients. Chacun peut s'avérer être mieux adapté à un contexte ou à un autre. Néanmoins, sur le plan biologique, on peut s'apercevoir qu'ils correspondent à des systèmes bien distincts. Ainsi, les températures hivernales aux États-Unis grèvent la croissance de l'espèce qui ne peut exprimer tout son potentiel. L'indice de conversion plus élevé en bassins en terre est caractéristique de ce système d'élevage où le contrôle de l'alimentation est moins facile. En hiver, même si la croissance est fortement ralentie, il est nécessaire de nourrir le poisson pour subvenir à son métabolisme de base. La moindre productivité du mètre cube de bassins en terre est quant à elle compensée par un niveau d'investissement unitaire inférieur. La survie au niveau où elle est mentionnée par Lutz est probablement sous-estimée, même si des mortalités hivernales peuvent l'expliquer en partie. Une autre référence mentionne des valeurs de survie se situant plutôt autour de 50 % dans des conditions similaires (Sandifer *et al.*, 1993).

Une espèce rustique s'adaptant bien à diverses conditions d'élevage

L'ombrine ocellée est une espèce très rustique résistant bien aux manipulations et se prêtant bien à différentes conditions de grossissement, que ce soit en cages ou en bassins. Elle peut être élevée dans une large gamme d'environnements, eau à caractéristique océanique ou plus turbide, dans des conditions de salinités allant de moins de 5 ‰ à l'eau de mer pure. Cette plasticité lui confère une relative facilité d'élevage et fait d'elle un candidat intéressant pour différents modes de développement.

Risque de colonisation du milieu naturel

Malgré une large dissémination de l'ombrine à des fins aquacoles dans de nombreuses parties du monde (cf. chapitre 2, *Production aquacole dans le monde,* p. 25), l'ombrine ocellée n'a fait l'objet d'un développement significatif que dans quelques pays, la Chine où la production est toutefois mal connue, l'Équateur où cette production a été arrêtée au début des années 2000 et les États-Unis où l'espèce est autochtone. Par ailleurs, cette filière fait l'objet d'un développement à plus petite échelle dans les DOM-TOM français des Caraïbes (Martinique, Guadeloupe) et de l'océan Indien (Réunion, Mayotte) ainsi qu'à Maurice, où elle peut représenter une activité économique significative à l'échelle de ces îles.

Dans toutes ces régions, hormis les États-Unis, l'ombrine n'est pas présente naturellement dans le milieu, ce qui pose légitimement la question du devenir des cheptels échappés des structures d'élevage et des larves émises dans le milieu, suite à des reproductions sauvages. Une étude a été menée par Falguière (2005a) pour évaluer les risques de dissémination et d'implantation de l'espèce dans les milieux naturels des régions où elle a été introduite, à partir d'une enquête réalisée auprès de correspondants scientifiques dans les principaux pays producteurs.

Parmi toutes les régions où l'ombrine a été introduite, il est arrivé une fois (en Israël) que la production ait été arrêtée sous la pression environnementaliste qui faisait craindre une dissémination dans le milieu naturel marin. Mais généralement, ce sujet n'est pas abordé bien que la plupart des personnes interrogées l'aient jugé important. Par ailleurs, cette enquête n'a permis de mettre en évidence que deux cas où il existe une suspicion de colonisation du milieu par des ombrines échappées de structures d'élevage à Singapour (Sasaki, 2000) et à Hong Kong (Wilson, 2001). Dans ces deux cas, aucune preuve formelle n'a été apportée sur l'existence d'une reproduction sauvage à partir de ces animaux échappés. Pourtant, dans bon nombre de ces régions, il est établi que l'ombrine est capable d'émettre des œufs viables qui, en plus des individus échappés, sont susceptibles de favoriser l'implantation d'une population sauvage.

En référence aux travaux américains sur la structuration génétique des populations naturelles (Gold *et al.*, 1999 ; Gold et Turner, 2002) et sur les compétences des larves d'écloserie par rapport aux larves sauvages (Smith et Fuiman, 2004 ; Stunz et Minello, 2001), l'hypothèse la plus vraisemblable pour expliquer le nombre restreint d'observations de populations d'ombrine dans les milieux naturels locaux, réside dans l'absence de biotope favorable, et notamment de frayères naturelles, telles qu'elles sont décrites dans le chapitre 1, *Bases biologiques*, p. 11. En effet, que ce soit par des individus échappés ou par des reproductions naturelles d'individus en cages, de nombreuses régions présentes des caractéristiques environnementales permettant la maturation et la ponte de l'ombrine (DOM français, Maurice, Chine, Taïwan...). Il n'y a aucune raison pour que ces œufs n'éclosent pas et ne donnent pas naissance à des larves viables. Compte tenu de la fécondité de cette espèce, ce seraient donc des dizaines, voire des centaines, de millions de larves qui seraient susceptibles d'être libérés dans les environnements naturels de ces régions, ce qui aurait dû conduire à l'observation fréquente et régulière de bancs d'alevins, compte tenu de leur comportement grégaire dans les premiers mois de leur vie.

Par contre, pour se développer, les larves ont besoin de milieux suffisamment riches en nourriture (zooplancton dans les premiers stades, petits invertébrés et vers polychètes notamment ensuite), et de biotopes correspondant à leurs besoins. Dans leur environnement naturel, il s'agit de lagunes, d'estuaires ou de zones côtières protégées, sous influence des fleuves, présentant des variations de salinité et des prairies algales peu profondes. Dans certaines de ces régions où l'ombrine a été introduite, notamment les DOM-TOM français, on peut retrouver des milieux présentant certaines des caractéristiques requises mais rarement toutes. On peut donc penser que c'est cet environnement défavorable au développement des larves qui a conduit pour l'instant à l'absence d'indice de colonisation de ces milieux.

Une autre explication envisageable réside dans la prédation qu'auraient pu exercer les espèces locales sur ces cohortes de juvéniles. Bien que n'étant pas à exclure totalement, cette hypothèse aurait dû conduire quand même à l'observation épisodique de cohortes de juvéniles de plus faible effectif car il est peu probable qu'aucun d'entre eux n'ait pu échapper aux prédateurs qui ne sont d'ailleurs pas présents systématiquement ni continuellement sur tous les sites d'élevage.

Il n'en demeure pas moins que des études devraient être envisagées pour mieux appréhender la réalité du risque de colonisation de cette espèce dans ces milieux naturels, mais ce type de travail est relativement difficile à mettre en œuvre et demande des moyens spécifiques que les producteurs ne sont pas toujours prêts à mettre en œuvre.

Les solutions généralement envisagées pour faire face à ce genre de problème relèvent de la stérilisation des cheptels, que ce soit par la voie de la triploïdisation ou la voie de l'hybridation. Dans le premier cas, il s'agit d'appliquer un choc (température, pression, produit chimique…) peu de temps après la fécondation de l'ovule par le spermatozoïde, de manière à conserver deux jeux de chromosomes de la mère, en même temps qu'un jeu de chromosome du père. Cela conduit à produire des individus triploïdes, c'est-à-dire présentant trois jeux de chromosomes, ce qui empêche dans la plupart des cas la production de gamètes à l'âge adulte. Les individus ainsi produits ne peuvent se reproduire ni entre eux, ni avec des congénères. Cette technique est bien maîtrisée chez un certain nombre d'espèces de poisson, notamment chez les salmonidés, où elle est pratiquée à l'échelle commerciale. Mais elle n'a jamais été appliquée chez l'ombrine et demanderait une phase de mise au point méthodologique, en particulier sur la maîtrise de la reproduction artificielle.

La deuxième voie est également envisageable mais dans certains cas l'hybride est capable de se reproduire. Il est donc nécessaire d'évaluer chaque croisement. Des travaux ont déjà été réalisés chez l'ombrine (cf. chapitre 3, *Hybridation chez les sciaenidés,* p. 74) qui laissent penser que l'on pourrait tester cette voie à plus brève échéance ; l'hybride entre ombrine et maigre européen s'est ainsi avéré stérile à l'âge adulte (Fauvel *et al.,* 2010).

Qualité de la chair et transformation

Les références sur la qualité de chair de l'ombrine émanent principalement d'équipes américaines en raison de l'intérêt que suscite cette espèce auprès des pêcheurs récréatifs depuis des décennies mais aussi, plus récemment, d'équipes chinoises (Liu *et al.*, 2002), la production aquacole de cette espèce étant importante dans ce pays. Depuis le début des années 80, des programmes de repeuplement ont été mis en place dans les États du Sud des États-Unis, particulièrement le Texas et la Floride, ce qui a conduit à s'interroger sur l'influence de ces lâchers sur la qualité du poisson capturé. C'est ainsi qu'un certain nombre de travaux a porté sur la comparaison de la chair d'ombrine d'aquaculture à son homologue sauvage sur le plan de leur texture et flaveur (Jahncke *et al.*, 1988), composition proximale (Jahncke *et al.*, 1988, Garces-Boticaio, 1992), acide gras polyinsaturés (Jahncke *et al.*, 1988, Villareal *et al.,* 1994) et analyse sensorielle (Jahncke *et al.*, 1988).

Craig et Gatlin (1997) mentionnent sur des ombrines d'aquaculture une forte valeur diététique avec une chair présentant une faible teneur en lipides (0,8 % à 1,1 %,) et riche en acides gras polyinsaturés de la série n-3. La même équipe (Craig *et al.*, 2000) rapporte que la composition de la chair d'ombrine du milieu naturel varie au cours de l'année avec un taux de protéines allant de 20,5 % à 25,6 % et un taux de lipides entre 0,4 % et 2,2 %. Par ailleurs, le taux de gras périviscéral (TGP), les rapports gonado-somatique (RGS) et hépatosomatique (RHS) varient entre saison de reproduction et repos sexuel selon le principe suivant. Pendant le repos sexuel, on constate une augmentation du RHS et du TGP ainsi qu'un niveau faible du RGS traduisant une accumulation de graisses de réserve dans la cavité abdominale et le foie, les gonades sont peu développées. Pendant la saison d'activité sexuelle, on note une mobilisation de ces réserves lipidiques vers les gonades avec une évolution en sens inverse du RHS, du TGP et du RGS.

Ces résultats montrent que l'ombrine stocke ses réserves lipidiques principalement dans le foie et la cavité abdominale pendant la période de repos sexuel, dans le but de les mobiliser comme source d'énergie au moment de la saison de reproduction. Il apparaît que la composition biochimique de la chair d'ombrines d'aquaculture est similaire à celle d'ombrines pêchées dans le milieu naturel.

Une autre série de résultats sur la qualité de la chair de l'ombrine d'aquaculture est issue, depuis 2006, d'un partenariat entre le PARM (Pôle agroalimentaire régional de Martinique), l'Ifremer et les producteurs martiniquais. Ces résultats portent sur la caractérisation de la qualité de chair aux plans nutritionnel et sensoriel, sur la localisation des lipides, l'influence du calibre du poisson et des conditions d'élevage, sur la qualité des filets et les potentialités de transformation.

Caractérisation de la qualité de chair

En matière de caractérisation de la chair de l'ombrine produite par la filière martiniquaise, les travaux réalisés ont permis de montrer (*tableau 25*) :

• une absence d'effet de la saison sèche ou humide sur les caractéristiques physico-chimiques et organoleptiques ;

• un taux élevé en protéines, en moyenne 21,7 g/100 g à 22,6 g/100 g de poids frais selon le calibre ;

• une faible teneur en lipides, en moyenne 1,8 g/100 g à 4,0 g/100 g du poids frais selon le calibre, qui range ce produit dans la catégorie des poissons dits « maigres » ;

• une teneur en phosphore de 215 mg/100 g à 247 mg/100 g selon le calibre qui donne la possibilité d'utiliser l'allégation nutritionnelle « riche en phosphore » sur le plan commercial ;

• une teneur en potassium de 394 mg/100 g à 412 mg/100 g selon le calibre qui donne la possibilité d'utiliser l'allégation nutritionnelle « source de potassium » sur le plan commercial ;

• un profil intéressant en acides gras qui permet d'utiliser l'allégation nutritionnelle « riche en Oméga-3 ».

La teneur élevée en Oméga-3, combinée à une chair maigre, fait de l'ombrine un aliment de grande qualité nutritionnelle. Ces caractéristiques peuvent être exploitées à l'échelle commerciale sous forme d'allégations nutritionnelles.

Tableau 25. Qualités nutritionnelles de la chair d'ombrine ocellée, élevée en Martinique (source PARM, 2010).

		Calibre 500 g	Calibre 1 kg
Protéines	Teneur (g/100 g)	21,74	22,61
	Allégation possible	→ riche en protéines (> 20% de la valeur énergétique apportée par les protéines)	
Lipides	Teneur (g/100 g)	1,84	3,99
	Classification	→ poisson maigre (teneur en lipides < 5%)	
Phosphore	Teneur (mg/100 g)	247	215
	Allégation possible	→ riche en phosphore (> 210mg/100 g soit 30% des apports journaliers recommandés)	
Potassium	Teneur (mg/100 g)	412	394
	Allégation possible	→ source de potassium (> 300 mg/100 g soit 15% apports journaliers recommandés)	
Acides gras Oméga-3	Teneur	354 mg EPA+DHA /100g 308 mg EPA+DHA/100 kcal	890 mg EPA+DHA /100g 665 mg EPA+DHA/100 kcal
	Allégation possible	→ riche en acides gras Oméga-3 (> 80 mg EPA+DHA/100g et 100 kcal)	

Localisation des lipides

En matière de teneur en lipides du filet d'ombrine, les résultats obtenus (Léon *et al.*, 2008) montrent que, comme pour le saumon atlantique d'élevage (Bell *et al.*, 1998 ; Refsgaard *et al.*, 1998), la répartition des lipides est inégale (*figure 39*) : la partie ventrale du filet est plus grasse que la partie dorsale.

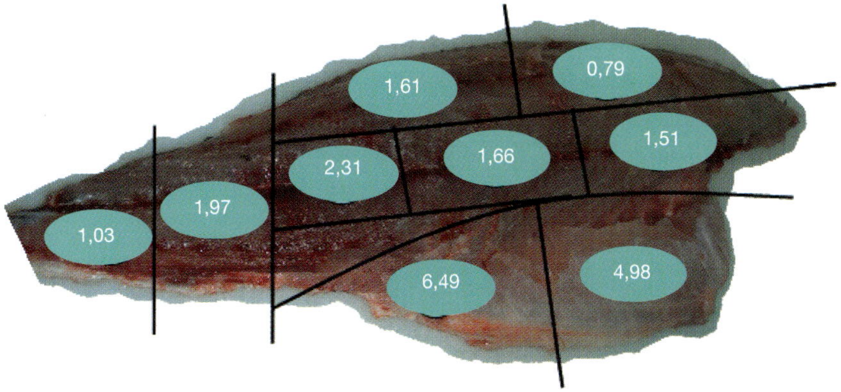

Figure 39. Répartition de la teneur en lipides (en pourcentage du poids frais) dans le filet d'ombrine (d'après Léon *et al.*, 2008).

Une autre étude réalisée à partir de deux aliments présentant des taux de lipides de 9,9 % et 20,1 % n'a pas fait apparaître d'élévation de l'adiposité dans le filet. Elle a mis en évidence des niveaux d'engraissement périviscéral différents (Fauté *et al*, 2011). Cette observation tendrait à montrer que l'ombrine a tendance à stocker les lipides préférentiellement dans la cavité abdominale plutôt que dans le muscle.

Influence des conditions d'abattage sur la qualité des filets

Par ailleurs, Léon *et al.* ont étudié l'influence des conditions d'abattage sur la qualité des filets d'ombrine élevée en Martinique (*figure 40*) :
• le jeûne des poissons qui permet de clarifier le transit intestinal et de diminuer par ce biais les contaminations bactériennes à l'origine de l'altération de la chair durant la conservation ;
• la saignée qui atténue les effets « taches de sang » dans le filet et évite l'oxydation des lipides de la chair ;
• l'éviscération ou l'ablation des intestins qui sont hautement contaminés par une flore d'altération ;
• le filetage pré-*rigor mortis* (RM) qui permet d'éviter la déstructuration de la texture de la chair ;
• la mise sous glace immédiate.

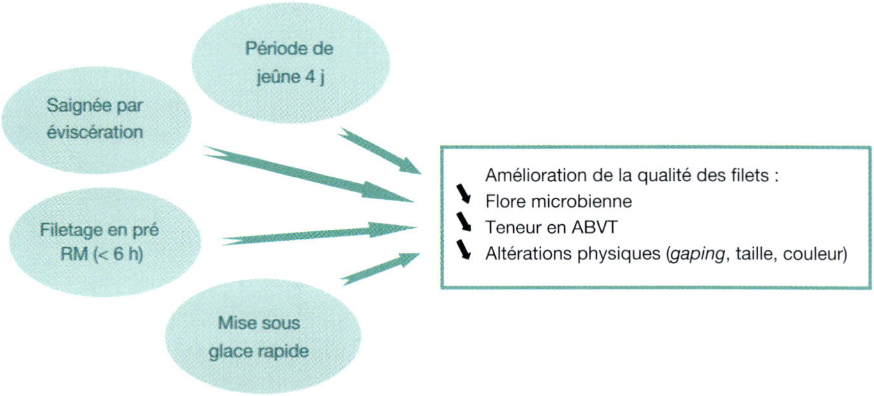

Figure 40. Influence des conditions d'abattage sur la qualité de l'ombrine d'aquaculture (d'après Léon *et al.*, 2008).

Notons que ces travaux ont permis de montrer que la *rigor mortis* intervenait chez l'ombrine en moyenne cinq heures après la mort et que la rigidité cadavérique qui s'en suivait était relativement longue (environ 72 h).

Potentialités de transformation

Les rendements de transformation s'élèvent en moyenne à 90 % après éviscération, à 53 % et 45 % après filetage, respectivement avec et sans peau (source Aquamay). Le rendement de filetage augmente avec la taille du poisson, la tête prenant une part de moins en moins importante proportionnellement au poids du corps au cours de la croissance. L'ombrine se situe dans la moyenne d'autres espèces comme le montre le *tableau 26*.

Tableau 26. Rendements de transformation de différentes espèces d'intérêt aquacole.

Espèce	Calibre (kg)	Éviscération (%)	Filet avec peau (%)	Filet sans peau (%)
Ombrine *Sciaenops ocellatus*	2-3	90	53	45
				Source Aquamay
Maigre *Argyrosomus regius*	1,8-4,1	83-91		46,5
Bar *Dicentrarchus labrax*	-	-	37	-
Saumon atlantique *Salmo salar*	-	-	57,5	52,5
				Source Quéméner (2002)
Truite Arc-en-ciel *Salmo gairdneri*	1,5–2	83-89	-	50-52
Truite Arc-en-ciel * *Salmo gairdneri*	2-3	84-88	58-69	-
Truite Fario *Salmo Trutta*	2-3	88-90	64-68	-
Saumon atlantique *Salmo salar*	2-3	92,5	67-71	-
				Source Knockaert (2006)

* Spécimen triploïde.

Les possibilités de valorisations de l'ombrine ocellée par la première et deuxième transformation ont été évaluées dans le cadre du travail partenarial réalisé par le PARM et l'Ifremer Martinique.

Ainsi, des filets d'ombrine d'environ 170-200 g ont été conditionnés sous vide (*photo 31*) à partir de poisson de 700 g et un suivi a été effectué au niveau biochimique (ABVT, TMA), microbiologique et visuel (pH, couleur). La présentation du produit a été évaluée (test sensoriel sur la couleur, l'odeur, l'aspect visuel ainsi qu'une appréciation globale).

Photo 31. Filet d'ombrine frais conditionné sous vide (© Ifremer Martinique).

Il a été montré (Léon *et al.*, 2008) que les filets sous vide se conservent pendant 11 à 13 jours à une température de 4 °C alors que la durée de conservation n'est que de 6 jours lorsque les filets sont conservés frais sous glace. Au-delà, les caractéristiques sensorielles (texture, couleur) se dégradent. À partir de 13-14 jours, ils deviennent plus pâles et la chair a tendance à se déchirer. Par contre, les teneurs en ABVT et les analyses microbiologiques sont tout à fait satisfaisantes. Ces résultats permettent d'envisager un potentiel de développement intéressant de ce type de produit.

Le coût de production d'un filet sous vide de ce poids a été évalué entre 3,10 € et 3,50 € par filet. Ce prix n'est qu'indicatif, il est susceptible d'évoluer avec l'augmentation des tonnages traités et le calibre des poissons qui permettrait de mieux rentabiliser les coûts de main-d'œuvre (filetage, emballage). La demande pour ce type de produit préemballé frais est susceptible de se développer car il répond bien à l'évolution des modes de consommation. Les étals antillais sont peu approvisionnés sur ce segment de marché et on ne trouve que très peu de produits de la mer locaux de première transformation, hormis de la darne de pélagique de la pêche locale.

Le PARM a travaillé sur des produits de première transformation (poissons salés fumés et salés séchés) ainsi que sur des produits élaborés (boulettes, steaks, soupes, rillettes, terrines). En ce qui concerne l'ombrine d'élevage, une recette de rillettes et un procédé de fumage à froid ont été élaborés. Les possibilités de fumage à chaud ont également été testées (Léon *et al.*, 2008) Elles ont mis en évidence les particularités suivantes. Le process de « fumage à chaud » nécessite une étude fine des paramétrages de fumage pour optimiser les performances. D'une façon générale, il apparaît difficile de commercialiser ces produits fumés, l'aspect général étant décevant pour les poissons entiers particulièrement. Par contre, le goût de la chair fumée salée est bien accueilli par le consommateur. Il pourrait être intéressant d'utiliser ce type de produit dans des formulations plus évoluées (rillettes, terrines…).

Une chair maigre et riche sur le plan nutritionnel

L'ombrine ocellée présente une chair riche en protéines et un taux de graisses lui permettant d'être classée dans les espèces dites « maigres ». Elle stocke les lipides dans la cavité abdominale plutôt que dans le filet, même quand son alimentation est grasse. Ses caractéristiques en termes de phosphore, potassium et acides gras de type Oméga-3 lui offrent des possibilités de promotion au travers d'allégations nutritionnelles.

Gestion sanitaire du cheptel et pathologies en élevage

Lorsque l'on introduit une nouvelle espèce, on peut transférer en même temps ses agents pathogènes. Même lorsque l'espèce introduite n'apporte pas de nouvelle pathologie, elle peut être sensible à des agents qui existent à l'état latent dans le milieu naturel, qui trouvent là un terrain leur permettant de développer un foyer infectieux. Ce chapitre fait donc une brève synthèse des principales pathologies rencontrées chez l'ombrine dans différentes parties du monde.

Parasites

La bibliographie recense un certain nombre de parasites rencontrés chez l'ombrine au premier rang desquels figure *Amyloodinium ocellatum*, parasite protozoaire dinoflagellé de la peau et des branchies, responsable d'épisodes infectieux en élevage aux États-Unis (Sandifer *et al.*, 1993), en Équateur (Benetti *et al.*, 1994) ou en Martinique (Gallet de Saint-Aurin *et al.*, 1989). Ce parasite est pour les élevages le plus sérieux danger (Plumb, 1991). Il se rencontre essentiellement en bassins hors sol, en élevage larvaire, en grossissement ou en structure de reproduction. On le rencontre plus rarement en cages flottantes, surtout lorsque les filets sont recouverts de salissures, car il a besoin de se poser sur un support durant son cycle biologique. Il constitue un pathogène particulièrement virulent. Il peut décimer un élevage en quelques jours. Le parasite, en se fixant sur les branchies, gène la respiration du poisson qui finit par mourir d'asphyxie. Lorsqu'il est fixé sur le poisson, le trophonte se présente sous la forme d'un petit sac arrondi arrimé à l'arc branchial ou à l'épiderme par des crochets et mesurant 50 à 60 µm (*photo 32*).

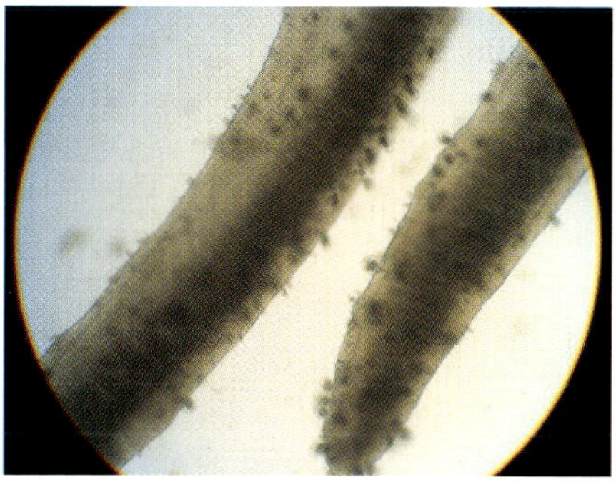

Photo 32. *Amyloodinium ocellatum, parasite* fixé sur les branchies d'un poisson (© CNPMEM/SAVU, Jean-Christophe Raymond).

Deux autres parasites, *Cryptocaryon irritans* et *Brooklynella hostilis*, protozoaires ciliés, sont jugés dangereux mais sont fort heureusement rencontrés plus rarement (Gallet de Saint-Aurin *et al.*, 1989 ; Overstreet, 1983).

En dehors de ces protozoaires, on recense également des atteintes de myxosporidies, en Israël (Diamant, 1998), en Martinique (Gallet de Saint-Aurin *et al.*, 1989), en Floride (Landsberg, 1993), elles n'ont pas semblé représenter un réel danger. De même, ont été signalées en Floride des coccidies intestinales (Landsberg, 1993), ou des copépodes (Landsberg *et al.*, 1991).

Notons que le parasite monogène *Neobenedenia melleni* est relativement courant, notamment en Martinique (Gallet de Saint-Aurin *et al.*, 1989) sur la plupart des espèces ayant fait l'objet d'élevage et s'est avéré particulièrement pathogène sur le tilapia élevé en mer et sur le cobia. Visible à l'œil nu, il se présente sous la forme d'un disque ovale blanchâtre de 1 à 2 mm de diamètre que l'on peut observer sur le tégument, les nageoires ou les yeux (*photo 33*). Sur l'ombrine, il ne présente pas de véritable danger si les conditions d'élevage sont satisfaisantes.

Photo 33. Parasite monogène sur le tégument d'un géniteur d'ombrine à la Martinique (© Ifremer Martinique).

La plupart du temps, ces parasites externes ne résistent pas à un traitement à l'eau douce par balnéation qui provoque chez eux un choc osmotique fatal. C'est ainsi que pour *Neobenedenia melleni* et *Amyloodinium ocellatum*, qui sont les deux parasites les plus fréquemment rencontrés, un bain flash de 3 minutes suffit généralement à l'ombrine pour s'en débarrasser. Notons que des salinités faibles mais non nulles ne sont parfois pas suffisantes, en cas d'épisode aigu particulièrement. La difficulté réside plus dans les aspects pratiques car ce traitement est difficile à réaliser dans les cages en mer par exemple. En écloserie, le traitement à l'eau douce des larves est spectaculaire et doit se faire sans les exonder, en utilisant des changements d'eau successifs jusqu'à l'obtention d'une salinité inférieure à 0,1 ‰ (Goyard *et al.*, 1993a). Un bain à base de formol à la dose de 200 ppm pendant 30 minutes peut également être utilisé sur les monogènes, il constitue cependant un traitement plus agressif.

Bactéries

Il existe assez peu de références faisant état de problèmes pathologiques graves en liaison avec des infections bactériennes sur l'ombrine mis à part en Israël avec des streptocoques qui ont été rendus responsables de l'abandon de certaines fermes de grossissement (Glen Pagelson, comm. pers.). Dans les DOM-TOM, on peut mentionner un épisode de mortalité importante sur un lot d'ombrine de 50 g dû à *Streptococcus iniae* (Jean-Christophe Raymond, comm. pers.). Pourtant, ces bactéries sont rarement jugées pathogènes (Plumb, 1991) bien que Johnson (1987) les ait classées comme virulentes et causant des mortalités sur l'ombrine. Eldar *et al.* (1999) rapportent des mortalités de 2 % par jour dans des cages d'élevage en Israël.

Plusieurs autres attaques bactériennes ont été observées chez l'ombrine à partir des genres *Aeromonas*, *Vibrio* ou *Mycobacterium* avec des degrés d'occurrence et de pathogénicité variables.

La bactérie *Flexibacter maritimus* a, elle, été observée sur des larves d'ombrine dans une écloserie antillaise (Vianas et Falguière, 2008). Elle a provoqué une perte complète du cheptel en quelques jours. Il s'agissait d'une des premières fois qu'elle était observée sur un poisson d'élevage en milieu tropical, associée à une telle pathogénicité. À l'observation microscopique, (x 400) cette bactérie externe (branchies, téguments, nageoires) se présente sous l'aspect de petits filaments allongés ressemblant à des épingles. Les lésions extérieures sur le poisson sont identifiables par un mucus jaunâtre (*photo 34*). Cette bactérie est assez bien connue des éleveurs marins européens et se développe de manière opportuniste, quand les conditions d'élevage sont mauvaises (suralimentation, pollution extérieure, micro-traumatismes cutanés...). Elle peut provoquer des mortalités massives et rapides qu'il est très difficile d'enrayer une fois déclarées. Des traitements antibiotiques sont envisageables par balnéation (Oxytétracycline à la dose de 40 ppm par exemple) mais demandent des durées d'exposition assez longues, de l'ordre de plusieurs heures, ce qui engendre des difficultés pratiques et donne des résultats peu probants quand l'épidémie est déjà développée. Les traitements par voie orale sont peu efficaces car le poisson atteint ne se nourrit pratiquement plus et les antibiotiques se diffusent difficilement au niveau cutané, lieu de multiplication de cette bactérie. La meilleure protection reste donc la prévention grâce au bon respect des protocoles d'élevage et des règles sanitaires.

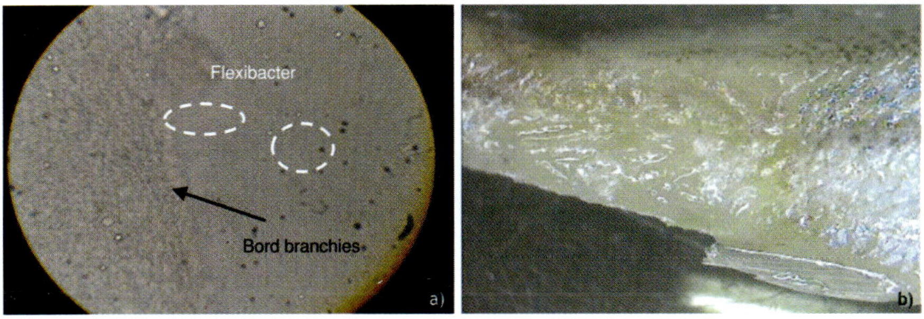

Photo 34. Bactérie *Flexibacter maritimus*: a) vue microscopique (© CNPMEM/SAVU, Jean-Christophe Raymond) ; b) exemple de lésion (© Ifremer Martinique).

Notons que cet antibiotique à large spectre peut éventuellement être utilisé pour traiter aussi les ombrines qui présentent des lésions cutanées survenues à la suite d'une manipulation trop agressive et pour prévenir une attaque bactérienne opportuniste.

Virus

Les *Iridovirus* sont considérés comme non létaux mais réduisent la valeur marchande du poisson pour des questions de présentation (Plumb, 1991). Cet agent provoque des lésions nodulaires (lymphocystis) sur les nageoires et à proximité de celles-ci, mais peut aussi affecter occasionnellement des organes internes. Il a été rencontré couramment dans des élevages aux États-Unis dans les années 90 (Bowden *et al.*, 1995), mais aussi en Israël sur des élevages en cages en Méditerranée (Colorni et Diamant, 1995). La présence d'*Iridovirus* est aussi mentionnée sur des ombrines en Chine (Weng *et al.*, 2002). Notons que le lymphocystis est une maladie courante rencontrée chez d'autres groupes comme les sparidés.

Le virus le plus dangereux est incontestablement le *Nodavirus* qui est responsable de l'encéphalite virale, pathologie au développement mondial répertorié en 2004 sur une quarantaine d'espèces de poissons marins. Pour une revue complète, on peut consulter l'article de Munday *et al.* (2002). La thèse de F. Adee (2005) présente quant à elle une synthèse de la situation en Martinique et des travaux qui sont réalisés sur l'ombrine.

Il existe quatre groupes de *Nodavirus,* classifiés par Nishizawa *et al.* en 1997, sur la base d'analyses moléculaires. Ils correspondent chacun à un groupe d'espèces qui y sont sensibles et qui se répartissent dans différents environnements, tant tropicaux que tempérés. Ce virus a ainsi été recensé sur tous les continents sauf en Afrique, notamment en Martinique (Bellance et Gallet, 1988) et en Méditerranée (Italie, France, Grèce, Malte, Portugal, Espagne) sur le bar *Dicentrarchus labrax.* Il a été localisé aussi à Tahiti sur le loup tropical (*Lates calcarifer)*, à Taïwan sur le cobia (*Rachycentron canadum)*, l'anguille, le loup tropical, les mérous, la carangue pompano, ou encore en Corée sur l'ombrine (Oh *et al.*, 2002). Il faut signaler que ce virus a été mis en évidence sur d'autres sciaenidés comme l'ombrine méditerranéenne (*Umbrina cirrosa)* en France (*Comps et al.*, 1996), et en Italie (Bovo *et al.*, 1999), mais aussi l'acoupa blanc (*Atractoscion nobilis)* aux États-Unis (Curtis *et al.*, 2001) où de fortes mortalités de jeunes individus en élevage ont été enregistrées.

Le virus provoque des lésions dans le cerveau et la rétine, elles se présentent sous forme de vacuoles (*photo 35*). Les signes cliniques décrits dans la littérature peuvent être mis en relation avec ces lésions : absence de coordination des mouvements et notamment nage en spirale (ou nage « en looping » chez les poissons plats), maigreur, hyper-inflation de la vessie natatoire, trouble de la vision et changement de pigmentation (pâleur chez *Lates calcarifer* ou la larve de flétan, noirceur chez le mérou, le bar ou le turbot). La transmission verticale du virus (parent à larve) a été mise en évidence expérimentalement sur le bar par Breuil *et al.* (2002).

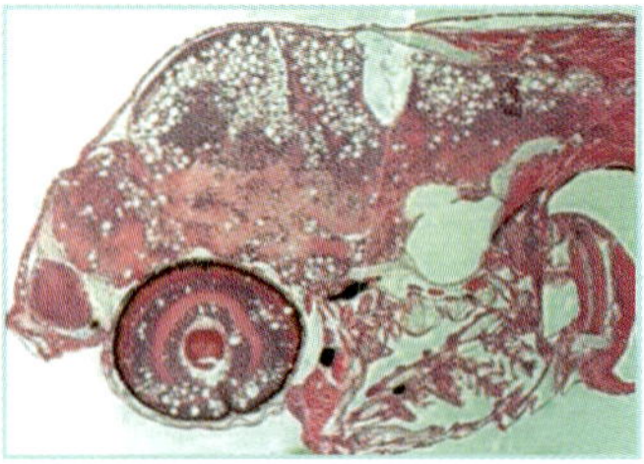

Photo 35. Lésions dues au *Nodavirus* sur le cerveau et la rétine d'une larve de loup tropical (*Lates calcarifer)* (© Ifremer, Nathalie Cochennec).

À l'origine, la plupart des cas recensés concernaient des jeunes stades, larves ou juvéniles, mais rapidement des signes cliniques ont été aussi observés chez des individus de plus grande taille. Chez le bar, une relation a pu être mise en évidence entre l'élévation de la température de l'eau et l'apparition des symptômes. Pour ce qui concerne l'ombrine ocellée, le virus a été détecté chez des géniteurs martiniquais par RT-PCR et par test Élisa. Par ailleurs, le *Nodavirus* a été isolé en Corée à partir de larves provenant d'une écloserie (Oh *et al.*, 2002).

Bien qu'il soit toujours possible que les espèces domestiques aient été infectées par des souches locales du *Nodavirus* présentes dans le milieu naturel, les études épidémiologiques semblent montrer que la dissémination spectaculaire des différentes souches du virus dans le monde est la conséquence de l'augmentation du commerce mondial de naissains à des fins aquacoles. À ce titre, le cas de l'ombrine est particulièrement intéressant car il est symptomatique du développement du virus à l'échelle de la planète. Les premiers signes cliniques sont apparus chez des bars importés d'Europe et élevés en conditions tropicales à la Martinique, ce qui a conduit à d'importantes mortalités et à l'arrêt de la production commerciale de cette espèce à la fin des années 80. Après l'introduction de l'ombrine en 1985, la mise au point de tests sérologiques Élisa (Breuil et Romestand, 1999) a permis de montrer que certains individus présentaient un statut séropositif. Par contre, il n'a jamais pu être observé en Martinique de mortalités ni de cas cliniques avec des symptômes tels que ceux décrits plus haut. En 2000, l'ombrine est introduite à la Réunion à partir de lots importés de Martinique. Deux années plus tard, de fortes mortalités sur deux cycles successifs en élevage larvaire (Petton, com. pers.) sont observées. Les prélèvements réalisés ont montré qu'il s'agissait bien d'infestation au *Nodavirus*.

Grâce aux techniques de biologie moléculaire, les analyses des particules virales issues des différents prélèvements réalisés en Martinique et à la Réunion permettent de dresser les liens de parenté entre les différentes souches de *Nodavirus*. Par comparaison aux caractéristiques génétiques des autres souches répertoriées dans le monde, il en ressort que :
- la souche virale présente en Martinique s'apparente à celle existant chez le bar en Atlantique et Méditerranée ;
- il semblerait que cette souche, très virulente chez le bar, ne le soit pas ou peu chez l'ombrine qui serait ainsi porteuse asymptomatique ;
- la souche présente à la Réunion s'apparente aux souches Indo-Pacifique, et diffère donc de celle présente en Martinique ;
- à la Réunion, cette souche est virulente chez l'ombrine, du moins lorsqu'elle est jeune (mortalités importantes en élevage larvaire).

On peut ainsi penser que le *Nodavirus* n'a pas été introduit à la Réunion avec les lots d'ombrine importés de la Martinique puisqu'il ne s'agit pas de la même souche génétique. Par contre, deux hypothèses peuvent être émises. La première, le virus était déjà présent dans le milieu et aurait contaminé les cheptels d'ombrine en élevage. La deuxième, il a pu être introduit par l'intermédiaire d'œufs, de larves ou de juvéniles (produits aquacole ou aquariophile) en provenance de pays de la région Indo-Pacifique, notamment de Taïwan, ce pays étant connu comme particulièrement infecté (Munday *et al.*, 2002). La Réunion a depuis lors initié une démarche de biosécurisation de son cheptel de reproducteurs. Elle s'est attachée à suivre, depuis 2002, la contamination de ses géniteurs afin de limiter le risque de développement par un suivi individuel et une élimination systématique des individus contaminés (P. Bosc, comm. pers.).

Sécurisation sanitaire des cheptels

L'exemple du *Nodavirus* sur l'ombrine montre bien que la plus grande attention doit être apportée à la gestion sanitaire des cheptels, particulièrement lorsqu'il s'agit d'espèces exotiques et/ou d'espèces susceptibles de voyager pour des raisons commerciales. C'est ainsi que le concept de biosécurisation du stock de géniteurs d'ombrine, tel qu'il est mis en place et étudié en Martinique depuis une dizaine d'années, prend tout son sens (*figure 41*). En effet, rappelons qu'il est basé sur :

- un testage systématique de tout géniteur avant son entrée dans la structure biosécurisée par une méthode sérologique Élisa anticorps Ac (double analyse à 15 jours d'intervalle) ;
- un confinement des reproducteurs exploités dans des enceintes biosécurisées (circuit fermé, traitement UV 200 mJ…) ;
- un testage systématique des échantillons des larves livrés aux écloseries de production, avec élimination des lots contaminés (méthode Élisa antigène Ag).

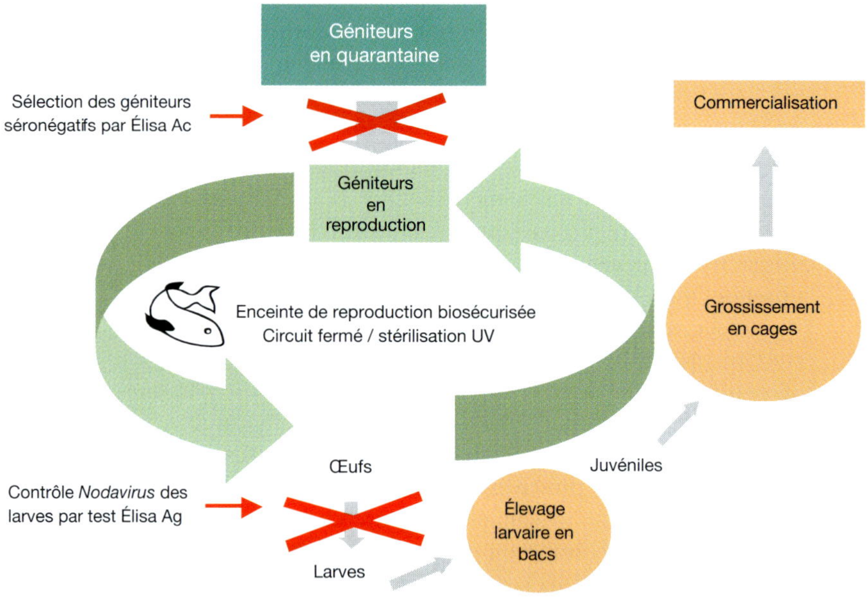

Figure 41. Schéma de biosécurisation mis en place pour l'ombrine par l'Ifremer Martinique.

Le prélèvement sanguin peut être réalisé selon plusieurs techniques. Chez les petits individus, on ponctionne plutôt dans l'artère caudale passant sous l'axe vertébral, en piquant le flanc légèrement en arrière de l'orifice génital tandis que sur les adultes le prélèvement intracardiaque ou dans le sinus veineux est plus facilement réalisable (*photo 36*).

Le test Élisa Ac détecte la présence d'anticorps du virus dans le sang prélevé sur le poisson tandis que le test Élisa Ag détecte la protéine virale elle-même. Ce dernier est pratiqué sur un broyat de tissus (cerveau, œil ou larve entière), ce qui nécessite de sacrifier l'individu à analyser.

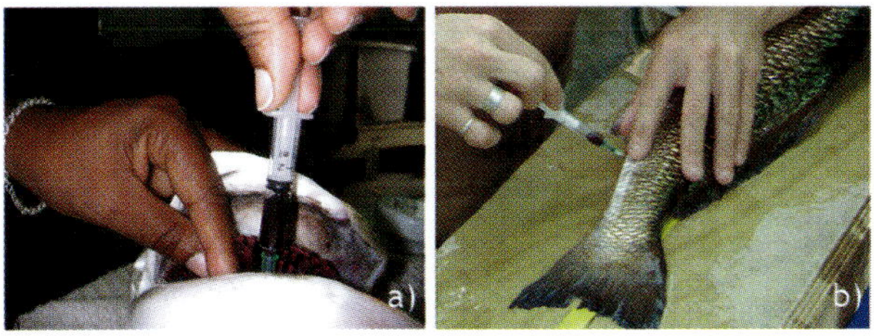

Photo 36. Prélèvement sanguin intracardiaque (a) et sur l'artère caudale (b) réalisé sur un reproducteur d'ombrine (© Ifremer Martinique).

Ce dispositif doit permettre d'éradiquer le virus des cheptels de reproducteurs, de garantir la qualité sanitaire des lots de larves mis en élevage dans les écloseries, de limiter la présence du pathogène dans les élevages ; cette présence ne pouvant plus être due qu'à une contamination par le milieu naturel.

Cependant, les méthodes sérologiques présentent des limites. Elles ne permettent de mettre en évidence que la présence d'anticorps du virus, témoin que le poisson a été en contact avec le pathogène. Mais cela ne signifie pas pour autant que le virus est toujours présent dans son organisme. On peut ainsi être amené à éliminer des individus séropositifs sains, c'est-à-dire des « faux positifs ».

La dernière avancée enregistrée dans ce domaine a été obtenue par l'Ifremer en 2009 dans le cadre du programme « Trident ». Elle a permis la mise au point de méthodes de biologie moléculaire (PCR quantitative) détectant la présence du virus à partir d'échantillons de tégument, de nageoire ou de gamète, sans avoir à sacrifier l'animal analysé. En 2010, une inter-calibration entre cette technique et le test Élisa anticorps classique a permis de confirmer le décalage existant entre les résultats de ces deux méthodes. En effet, sur 73 reproducteurs martiniquais, 15 % étaient séropositifs alors qu'en réalité un seul s'est révélé être vraiment porteur du *Nodavirus* d'après les analyses réalisées en qPCR. Ces éléments mettent en exergue les limites de ces méthodes sérologiques. Sur la base de cette technologie, des kits diagnostics sont en cours de développement depuis 2010 et seront commercialisés par un laboratoire privé.

Enfin, l'application de ce dispositif sur le couple ombrine/*Nodavirus* permet de valider ce concept qui peut s'appliquer aussi à d'autres pathologies infectieuses. Ce principe peut être transposé à n'importe quel couple poisson-pathogène avec certaines adaptations comme la mise au point de test spécifique.

Conclusion

Cet ouvrage s'est efforcé de faire une synthèse des travaux réalisés sur l'ombrine ocellée depuis une trentaine d'années. On peut considérer actuellement que sa zootechnie est bien maîtrisée grâce aux avancées de la recherche dans la plupart des domaines scientifiques et techniques. Pourtant, même à ce niveau de maîtrise du cycle biologique, il existe encore une marge de progression, par exemple en matière de reproduction ou de génétique.

Les résultats obtenus à l'échelle expérimentale ont été bien assimilés et intégrés par les producteurs, ce qui a conduit à un développement qui pourrait être plus important qu'il ne l'est actuellement. L'ombrine ocellée se singularise par sa rusticité et sa grande plasticité vis-à-vis des conditions environnementales (salinité, température, turbidité, oxygène...), ce qui en fait un bon candidat à l'élevage dans des conditions très variées. Ces caractéristiques sont d'ailleurs récurrentes chez d'autres membres de la famille des sciaenidés (maigre en Europe et Yellow Croaker en Chine entre autres). Cela devrait valoir à ces espèces un regain d'intérêt et un accroissement significatif de la production dans les années futures.

Dans ce contexte, les régions ultramarines françaises ont une belle carte à jouer grâce à un certain nombre d'atouts (sites de qualité, bonne technicité des opérateurs, marchés demandeurs en produits de la mer...) qui en font un terreau favorable à l'aquaculture. Le caractère exotique de l'espèce faisait craindre des difficultés en matière de commercialisation de ce produit nouveau, mais on constate aujourd'hui que l'ombrine commence à être bien implantée sur les marchés. Toutefois, la taille des filières pénalise son développement. Cela se répercute par exemple sur les frais de commercialisation ou le prix de l'alevin anormalement haut si on le compare à celui d'autres espèces marines plus développées, comme le bar ou la daurade. La taille des fermes est encore trop modeste pour pouvoir bénéficier d'économies d'échelle qui feraient baisser d'une façon significative le coût de production.

Pour arriver à franchir un palier, la filière ultramarine devra régler un certain nombre d'obstacles qui, s'ils ne sont pas de nature biologique, n'en sont pas moins délicats à maîtriser : compétitivité économique, accès aux financements, organisation de la production et de la commercialisation, ouverture de nouveaux marchés. C'est dans ses ressources propres, son dynamisme et sa capacité à se mobiliser qu'elle devra trouver les clés de son développement futur.

Références bibliographiques

Adee F., 2005. Prévention et contrôle du *Nodavirus* en Martinique. Thèse de docteur vétérinaire, École nationale vétérinaire de Toulouse.

Aguirre P., Gatlin D.M., 1999. Dietary Vitamin C Requirement of Red Drum *Sciaenops ocellatus. Aquacult. Nutr.*, 5 : 247-249.

An H.S., Cho K.C., Park J.Y., 2005. Eleven new highly polymorphic microsatellite loci in the Yellow Croaker, *Pseudosciaena crocea. Mol. Ecol. Notes*, 5 : 866–868.

Arnold C.R., Bailey W.H., Williams T.D., Johnson A., Lasswell J.L., 1979. Laboratory Spawning of Red Drum and Southern Flounder. *Proc. Ann. Conf. S. E. Assoc. Fish and Wildlife Agencies*, 31 : 437-440.

Ballarin L., Dall'Oro M., Bertotto D., Libertini A., Francescon A., Barbaro A., 2004. Haematological Parameters in *Umbrina cirrosa* L. (Teleostei, Sciaenidae) : A Comparison Between Diploid and Triploid Specimens. *Comp. Biochem. Physiol.*, 138 : 45-51.

Beckman D.W., Wilson C.A., Stanley A.L., 1988. Age and Growth of the Red Drum *Sciaenops ocellatus* from Offshore Waters of the Northern Gulf of Mexico. *Fishery Bull.*, 87 : 17-28.

Bell J.G., McEoy J., Sargent J.R., 1998. Flesh Lipid and Carotenoid Composition of Scottish Farmed Atlantic Salmon (*Salmo salar*). *J. Agricult. Food Chem.*, 46 : 119-127.

Bellance R., Gallet de Saint-Aurin D., 1988. L'encéphalite virale du loup de mer. *Caraïbes Médical*, 2 : 105-114.

Benetti D.D., Venizelos A., Acosta C., 1994. Finfish Aquaculture Development in Ecuador. *World Aquacult.*, 25 (2) : 18-25.

Bohlmeyer D.A., Gold J.R., 1991. Extensive Polymorphism at Adenosine Deaminase in the Marine Fish *Sciaenops ocellatus* (L.). *Anim. Genetics*, 21 : 211-213.

Boothby R.N., Avault J.W., 1971, Food Habits, Lenght-Weight Relationships and Condition Factor of Red Drum *Sciaenops ocellata*, in Southern Louisiana. *Trans. Am. Fish. Soc.*, 100 : 290-295.

Bosc P., 2004. Contribution à l'étude de la structure des coûts de production. Programme d'évaluation des perspectives de développement de l'élevage en baie de Saint-Paul. ARDA, 96 p.

Bovo G., Nishizawa T., Maltese C., Borghesan F., Mutinelli F., Montesi F., De Mas S., 1999. Viral Encephalopathy and Retinopathy of Farmed-Fish in Italy. *Virus Res.*, 63 : 143-146.

Bowden R.A., Oestmann D.J., Lewis D.H., Frey M.S., 1995. Lymphocystis in Red Drum. *J. Aquat. Anim. Health*, 7 : 231-235.

Breuil G., Romestand B., 1999. A rapid Elisa method for detecting specific antibody level against *Nodavirus* in the serum of the sea-bass *Dicentrarchus labrax* (L., 1758). Application to the screening of spawners in a sea-bass hatchery. *J. Fish Diseases*, 22 : 45-52.

Breuil G., Pepin J.F., Boscher S., Thery R., 2002. Experimental vertical transmission of *Nodavirus* from broodfish to eggs and larvae of the sea-bass *Dicentrarchus labrax*. *J. Fish Diseases*, 25 : 697-702.

Brightman R.I., Torres J.J., Donnelly J., Clarke, M.E., 1997. Energetics of larval Red Drum, *Sciaenops ocellatus*. Part II : Growth and biochemical indicators. *Fish. Bull.*, 9 : 431-444.

Chakalall B., 1993. Species cultured in insular Caribbean countries, Belize, French Guiana, Guyana and Suriname. Caribbean Technical Cooperation Network in Artisanal Fisheries and Aquaculture. FAO Regional Office for Latin America and the Caribbean. RLAC/93/28-PES-24. Santiago, Chile. 32 p.

Cahu C.L., Zambonino Infante J.L., Escaffre A.M., Bergot P., Kaushik S., 1998. Preliminary results on sea-bass *Dicentrarchus labrax* larvae rearing with compound diet from first feeding. Comparison with carp *Cyprinus carpio* larvae. *Aquaculture*, 169 : 1–7.

Cahu C.L., Zambonino Infante J.L., Quazuguel P., Le Gall M.M., 1999. Protein hydrolysate vs. fish meal in compound diets for 10-day old sea-bass *Dicentrarchus labrax* larvae. *Aquaculture*, 171 : 109–119.

Cam D., 2005. Schéma directeur de l'aquaculture réunionnaise. Volet analyse de la filière d'aquaculture marine et de son positionnement concurrentiel dans l'océan Indien. Rapport CRPMEM/Repal/Cyathea/Adequa. 73 p.

Chen J., Guang C., Xu H.Z., Xu P., Yan X., Wang Y., Liu J., 2008. Marine fish cage culture in China. In: A. Lovatelli, M.J. Phillips, J.R. Arthur and K. Yamamoto (eds). FAO/NACA Regional Workshop on the Future of Mariculture: a Regional Approach for Responsible Development in the Asia-Pacific Region. Guangzhou, China, 7–11 March 2006. *FAO Fish. Proc.,* 11. Rome, FAO. 2008. 285–299.

Colorni A., Diamant A., 1995. Splenic and Cardiac Lymphocystis in the Red Drum, *Sciaenops ocellatus*. *J. Fish Diseases*, 18 : 467-471.

Colura R.L., Hysmith B.T., Steens R.E., 1976. Fingerling production of stripped-bass (*Morone saxatilis*), spotted-sea trout (*Cynoscion nebulosus*), and Red Drum (*Sciaenops ocellatus*) in saltwater ponds. *Proc. World Maricult. Soc.*, 7 : 79-72.

Colura R.L., 1987. Hormone induced strip spawning of Red Drum. In: *Manual on Red Drum Aquaculture*, Chamberlain, G.W., Migot, R.J. and Haby M.G. (eds). Texas Agricultural Extension Service and Sea Grant College Program, College Station, Texas : II, 7-9.

Comps M., Trindade M., Delsert C., 1996. Investigation of fish encephalitis viruses (FEV) expression in marine fishes using DIG-labelled probes. *Aquaculture*, 143 : 113-121.

Connan J.P., Dutto G., Souchet M., Falguière J.-C., 2009. Production de rotifères *Brachionus plicatilis* avec un nouvel aliment Oriculture. Ifremer Martinique, 10 p.

Craig S.R., Arnold C.R., Holt G.J., 1994. The effect of enriching live foods with highly unsaturated fatty acids on the growth and the fatty acid composition of larval Red Drum *Sciaenops ocellatus*. *J. World Aquacult. Soc.*, 25 : 424-431.

Craig S.R., Neill W.H., Gatlin D.M., 1995. Effect of dietary lipid and environmental salinity on growth, body composition and cold tolerance of juvenile Red Drum (*Sciaenops ocellatus*). *Fish Physiol. Biochem.*, 14 : 49-61.

Craig S.R., Gatlin D.M., 1996. Dietary choline requirement of juvenile Red Drum (*Sciaenops ocellatus*). *J. Nutrition*, 126 : 1696-1700

Craig S.R., Gatlin D.M., 1997. Growth and body composition of juvenile Red Drum (*Sciaenops ocellatus*) fed diets containing lecithin and supplemental choline. *Aquaculture*, 151 : 259-267.

Craig S.R., McKenzie D.S., Jones G., Gatlin D.M., 2000. Seasonal changes in the reproductive condition and body composition of free ranging Red Drum, *Sciaenops ocellatus. Aquaculture,* 190 : 89-102.

Crocker P.A., Arnold C.R., Deboer J.A., Holt J.D., 1981. Preliminary evaluation of survival and growth of juvenile Red Drum (*Sciaenops ocellatus*) in fresh and salt water. *World Maricult. Soc.*, 12 (1) : 122-134.

Curtis P.A., Drawbridge M., Iwamoto T., Nakai T., Hedrick R.P., Gendron A.P., 2001. *Nodavirus* infection of juveniles white sea-bass (*Atractoscion nobilis*), cultured in southern California : first record of viral nervous necrosis (VNN) in North America. *J. Fish Diseases*, 2 : 263-271.

Daniels W.H., Robinson E.H., 1986. Protein and energy requirements of juvenile Red Drum (*Sciaenops ocellatus*). *Aquaculture*, 53 : 243-252.

Davis J.T., 1990. Red Drum : production of fingerlings and stockers. South Regional Aquaculture Centre Publication, 324, 8 p.

Diamant A., 1998. Red Drum *Sciaenops ocellatus*, a recent introduction to Mediterranean mariculture, is susceptible to Myxidium leei (Myxosporea). *Aquaculture*, 162 : 33-39.

Dutto G., Vergnet A., 2007. Cryoconservation de sperme de l'ombrine tropicale, *Sciaenops ocellatus*. Mode opératoire. Ifremer Martinique, 13 p.

Dutto G., Gasset E., Falguière J.-C., Bompas G., Connan J.P., Covès D., 2010. Mécanisme d'apparition de la vessie natatoire chez les larves d'ombrine ocellée (*Sciaenops ocellatus*) et de *Platax* (*Platax orbicularis*). Aquaculture durable en milieu insulaire et tropicale, 6-11 décembre 2010, Arue, Tahiti, Polynésie française.

Eldar A., Peerl S., Frelier P.F., Bercovier H., 1999. Red Drum, *Sciaenops ocellatus,* mortalities associated with Streptococcus iniae infection. *Dis. Aquat. Org.*, 36 : 121-127.

Ellis S.C., Reight R.C., 1991. Effects of dietary lipid and carbohydrate levels on growth and body composition of juvenile Red Drum, *Sciaenops ocellatus. Aquaculture*, 97 (4) : 383-394.

Falguière J.-C., Rosine B., Goyard E., 1993. L'élevage de l'ombrine (*Sciaenops ocellatus*) en Martinique : grossissement en cages flottantes. Ifremer, rapport interne DRV/93 018, 54 p.

Falguière J.-C., Blouin F., 1997. Maturation and spawning of Red Drum *Sciaenops ocellatus* in captivity under tropical conditions in Martinique (FWI). Proceedings of Martinique' 97. European Aquaculture Society, Martinique (FWI), May 4-9, 1997.

Falguière J.-C., 2005a. Risques de colonisation du milieu naturel par l'ombrine tropicale, *Sciaenops ocellatus* dans le contexte des DOM-TOM français : synthèse bibliographique, enquête mondiale et propositions d'actions. Rapport de convention Arda/Ifremer 03/12/47/32/BF, 39 p.

Falguière J.-C., 2005b. Caractérisation génétique des stocks domestiques d'ombrine, *Sciaenops ocellatus*, dans les DOM-TOM. Premiers éléments d'évaluation, 20 p.

Falguière J.-C., 2006. Optimisation de l'élevage larvaire de l'ombrine *Sciaenops ocellatus* en Martinique. Séminaire Ombrine et pisciculture marine d'outre-mer. Fort de France, 28-30 novembre 2006.

Falguière J.-C., 2008. De la gestion des reproducteurs à la production d'alevins : le cas de l'ombrine ocellée (*Sciaenops ocellatus*) à la Martinique. Rencontres aquacoles Inter-COM. Mamoudzou (Mayotte), 3-6 décembre 2008.

FAO, 2009-2011. Cultured Aquatic Species Information Programme *Sciaenops ocellatus*. Cultured Aquatic Species Fact Sheets. Texte par Cynthia K., Faulk A. In: *Département des pêches et de l'aquaculture de la FAO* [en ligne]. Rome. Mis à jour 9 February 2005.: http://www.fao.org/fishery/culturedspecies/Sciaenops_ocellatus/fr (consulté le 6 juin 2011).

FAO. La situation mondiale des pêches et de l'aquaculture, [en ligne] http://www.fao.org/docrep/011/i0250f/i0250f00.htm (consulté le 16 mai 2011).

FAO, 2008-2011. Cultured Aquatic Species Information Programme *Argyrosomus regius*. Cultured Aquatic Species Fact Sheets. Texte par Stipa P., Angelini M. In: *Département des pêches et de l'aquaculture de la FAO,* [en ligne]. Rome. Mis à jour 10 February 2005. http://www.fao.org/fishery/culturedspecies/Argyrosomus_regius/fr (consulté le 6 juin 2011).

Fauré L., 2011. Évaluation de la qualité de l'ombrine ocellée (*Sciaenops ocellatus*) en fonction de différents impacts. Rapport final de VCAT réalisé dans le cadre de la convention Ifremer/PARM 2010-2012. Ifremer Martinique, 75 p.

Fauvel C., Suquet M., 1998a. La qualité des gamètes chez le bar et quelques déterminants en aquaculture. *Pisciculture Fr.*, 134 : 5-10.

Fauvel C., Suquet M., Dréanno C., Zonno V., Menu B., 1998b. Cryopreservation of sea-bass (*Dicentrarchus labrax*) spermatozoa in experimental and production simulating conditions. *Aquat. Living Resour.*, 11 (6) : 387-394.

Fauvel C., Savoye O., Dréanno C., Cosson J., Suquet M., 1999. Characteristics of sperm of captive sea-bass in relation to its fertilization potential. *J. Fish Biol.,* 54 : 356-369.

Fauvel C., Vidal M.O., Lallemant S., Falguière J.-C., Dutto G., Balma P., Ricoux R., Ventre F., 2010. Sciaenhybrid, rapport final mars 2010. Ifremer, Palavas-les-Flots/Les poissons du soleil, Balaruc-les-Bains, 47 p.

Fishbase [en ligne] : http://www.fishbase.org/ (consulté le 12 janvier 2011).

Gallet de Saint-Aurin D., Raymond J.-C., Vianas V., 1989. Marine finfish pathology : specific problems and research in the French West Indies. Advances in Tropical Aquaculture, Aquacop. *Ifremer Actes Colloq.*, 9 : 143-160.

Garces-Boticaio H.A., 1992. Proximate composition of muscle of cage-raised Red Drum, *Sciaenops ocellatus* (Pisces : Sciaenidae), in Panama. *Rev. Biol. Trop.*, 40 (1) : 147-148.

Gardes L., Villanove P., Buchet V., Fauvel C., 2000. Induced spawning of Red Drum, *Sciaenops ocellatus* : use of multivariate and univariate analysis methods in the search for side effects of LH-Rha treatments and ovarian development state upon spawn quality. *Aquat. Living Resour.*, 13 (1) : 19-27.

Gatlin D.M., 2002. Red Drum Sciaenops ocellatus. In: *Nutrient Requirements and Feeding of Finfish for Aquaculture.* C.D. Webster and C.E. Lim (eds) : 147-158.

Gauthier E., 2001. L'élevage de l'ombrine (*Sciaenops ocellata*) en cages flottantes à la Martinique : état de la filière et perspectives de développement. Mémoire de fin d'études ISTOM, 115 p.

Girard S., 2007. Analyse des débouchés potentiels pour l'ombrine tropicale sur les marchés européens : évolution des importations européennes de poissons et des conditions de la concurrence. Rapport Ifremer, convention ministère de l'Outre-mer, 103 p.

Girard S., Mariojouls C., 2008. What is the demand for farmed fish on the European market? In: *Achieving a sustainable future: managing fisheries, aquaculture, trade and development*. Proceedings of the XIVth Biennal Conference of the International Institute for Fisheries Economics and Trade (IIFET), Nha-Trang, Vietnam, July 22-25 2008, 12 p.

Gold J.R., Kedzie K.M., Bohlmeyer D.A., Jenkin J.D., Karel W.J., Iida N., Carr S.M.,1988. Studies on the basic structure of the Red Drum (*Sciaenops ocellatus*) genome. *Mar. Sci.*, 30: 57-62.

Gold J.R., King T.L., Richardson, L.R.., Bohlmeyer D.A., Matlock G.C., 1994. Allozyme differentiation within and between Red Drum (*Sciaenops ocellatus*) from Gulf of Mexico and Atlantic Ocean. *J. Fish Biol.*, 44 : 567-590.

Gold J.R., Richardson L.R., Turner T.F., 1999. Temporal stability and spatial divergence of mitochondrial DNA haplotype frequencies in Red Drum (*Sciaenops ocellatus*) from coastal regions of the western Atlantic Ocean and Gulf of Mexico. *Mar. Biol.*, 133 : 593-602.

Gold J.R., Turner T.F., 2002. Population structure of Red Drum (*Sciaenops ocellatus*) in the northern Gulf of Mexico, as inferred from variation in nuclear-encoded microsatellites. *Mar. Biol.*, 140 : 249-265.

Gold J.R., Ma L., Saillant E., Silva P.S., Vega R.R., 2008. Genetic effective size in populations of hatchery-raised Red Drum, *Sciaenops ocellatus*, released for stock enhancement. *Trans. Am. Fish. Soc.,* 137 : 1327-1334.

Gold J.R., Renshaw M.A., Saillant E., Vega R.R., 2010. Spawning frequency of brood dams and sires in a marine fish stock-enhancement hatchery. *J. Fish Biol.,* 77 : 1030-1040.

Goyard E., Falguière J.-C., Soletchnik P., 1993a. L'élevage de l'ombrine (*Sciaenops ocellatus*) en Martinique : maturation des géniteurs et production d'alevins. Ifremer, rapport interne DRV/93 017, 73 p.

Goyard E., Falguière J.-C., Rosine B., 1993b. L'élevage de l'ombrine (*Sciaenops ocellatus*) en Martinique : étude des coûts de production. Ifremer, rapport interne DRV/93-019, 83 p.

Guest W.C, Lasswell J.L., 1978. A note on the courtship behaviour and sound production of Red Drum. *Copeia*, 2 : 337-338.

Guo W., Wang Z.Y., Wang Y.L., Zhang Z.P., Gui J.F., 2005. Isolation and characterization of six microsatellite markers in large Yellow Croaker (*Pseudosciaena crocea,* Richardson). *Mol. Ecol. Notes*, 5 : 369–371.

Haché R., Plante S., 2011. The relationship between enrichment, fatty acid profiles and bacterial load in cultured rotifers (*Brachionus plicatilis* L-strain) and artemia (*Artemia salina* strain Franciscana). *Aquaculture*, 311 : 201-208.

Henderson-Arzapalo A., 1987. Red Drum egg and larval incubation. In: *Manual on Red Drum Aquaculture.* Chamberlain G.W., Migot R.J. and Haby M.G. (eds). Texas Agricultural Extension Service and Sea Grant College Program, College Station, Texas : II 40-42.

Henderson-Arzapalo A., 1992. Red Drum Aquaculture. *Rev. Aquat. Sci.*, 6 (5/6) : 479-491.

Henderson-Arzapalo A., Maciorowski A.F., 1994. A comparison of Black Drum, Red Drum, and their hybrid in saltwater pond culture. *J. World Aquacult. Soc.*, 25 : 289-296.

Holt G.J., Johnson A.G., Arnold C.R., Fable W.A., Williams T.D., 1981. Description of eggs and larvae of laboratory reared Red Drum, *Sciaenops acellata. Copeia,* 4 : 751-756.

Holt G.J., Arnold C.R., Riley C.M., 1987. Intensive culture of larval and post larval Red Drum. In: *Manual on Red Drum Aquaculture.* Chamberlain G.W., Migot R.J. and Haby M.G. (eds). Texas Agricultural Extension Service and Sea Grant College Program, College Station, Texas : III 1-8.

Holt G.J., 1993. Feeding larval Red Drum on microparticulate diets in a closed recirculating water system. *J. World Aquacult. Soc.*, 24 (2) : 225-230.

Hong W., Zhang Q., 2003. Review of captive bred species and fry production of marine fish in China. *Aquaculture*, 227 : 305-318.

Houel S., Falguière J.-C., Paquotte P., 1996. Analyse technico-économique de projets d'élevage d'ombrine (*Sciaenops ocellatus*) en cages flottantes à la Martinique. Ifremer, rapport interne DRV/96 012, 65 p.

IEDOM, 2006. Mayotte en 2005. Rapport annuel IEDOM, Paris, 176 p.

Jahncke M., Hale M.B., Gooch J.A, Hopkins J.S., 1988. Comparison of pond-raised and wild Red Drum *Sciaenops ocellatus* with respect to proximate composition, fatty acid profiles, and sensory evaluations. *J. Food Sci.*, 53 : 286-287.

Johnson S.K., 1987. Recognition and control of diseases common to grow out aquaculture of Red Drum. In: *Manual on Red Drum Aquaculture.* Chamberlain G.W., Migot R.J. and Haby M.G. (eds). Texas Agricultural Extension Service and Sea Grant College Program, College Station, Texas : IV 18-54.

Karlsson S., Renshaw M.A., Rexroad III C.E., Gold J.R., 2008. Microsatellites primers for Red Drum (*Sciaenops ocellatus*). *Fish. Bull.*, 106 (4): 476-482.

Knockaert C., 2006. Salmonidés d'aquaculture : de la production à la consommation. Éditions Quæ, collection Savoir faire, 328 p.

Lagardère J.P., Mariani A., 2006. Spawning sounds in meagre *Argyrosomus regius* recorded in the Gironde estuary, France. *J. Fish Biol.*, 69 (6) : 1697-1708.

Landsberg J.H., 1993. Two new species of coccidian parasites (Apicomplexa, Eimeriorina) from Red Drum *Sciaenops ocellatus. Dis. Aquat. Org.*, 16 : 83-90.

Landsberg J.H., Vermeer G.K., Richards S.A., Perry N., 1991. Control of the parasitic copepod *Caligus elongatus* on pond reared Red Drum. *J. Aquat. Anim. Health*, 3 : 206-209.

Lazo J.P., Dinis M.T., Holt G.J., Faulk C., Arnold C.R., 2000. Co-feeding microparticulate diets with algae : toward eliminating the need of zooplankton at first feeding in larval Red Drum (*Sciaenops ocellatus*). *Aquaculture*, 188 : 339-351.

Léon X., 2008. Qualité et valorisation de l'ombrine ocellée *Sciaenops ocellatus* : l'exemple de la filière pisciculture marine martiniquaise. Rapport final de VCAT réalisé dans le cadre de la convention Ifremer/PARM n° 07/5 210 927. Ifremer Martinique, 86 p.

Léopold M., 2004. Poissons de mer de Guyane. Guide illustré. Éditions Ifremer, 214 p.

Lethimonnier D., 2010. Introduction à la fécondation assistée chez l'ombrine ocellée *Sciaenops ocellatus*. Mémoire de fin d'études pour l'obtention du diplôme d'ingénieur agronome, AgroParisTech, 59 p.

Levassort L., Villanove P., Villanove I., Mariojouls C., Falguière J.-C., 2010. Performances technico-économiques d'une ferme artisanale d'élevage d'ombrine ocellée *Sciaenops ocellatus* en cages flottantes à la Martinique. Aquaculture durable en milieu insulaire et tropicale, 6-11 décembre 2010, Arue, Tahiti, Polynésie française.

Liao I.C., Su M.S., Hsieh L.S., 1994. Spontaneous spawning of Red Drum (*Sciaenops ocellatus*) in Taiwan. In: Chou L.M., Munro A.D., Lam T.J., Chen T.W., Cheong L.K.K., Ding J.K., Hooi K.K., Khoo H.W., Phang V.P.E., Shim K.F. and Tan C.H. (eds). The Third Asian Fisheries Forum. Asian Fisheries Society, Manila, Philippines, 211-214.

Liu S., Wang B., Zhang X., Zuo Y., 2002. Analysis and evaluation of nutrition composition of Red Drum (*Sciaenops ocellatus*). *Mar. Fish. Res.*/Haiyang Shuichan Yanjiu, 23 : 25-32.

Lochmann R.T., Gatlin D.M., 1993a. Essential fatty acid requirement of juvenile Red Drum (*Sciaenops ocellatus*). *Fish Physiol. Biochem.*, 12 (3): 221-235.

Lochmann R.T., Gatlin D.M., 1993b. Evaluation of different types and levels of triglycerides, singly and in combination with different levels of n-3 highly unsatured fatty acid ethyl esters in diets of juvenile Red Drum, *Sciaenops ocellatus*. *Aquaculture*, 114: 113-130.

Lutz C.G., Wolters W.R., Landry W.J., 1997. Red Drum *Sciaenops ocellatus* field trials: economic implications. *J. World Aquacult. Soc.*, 28 (4): 412-419.

Ma L., Saillant E., Gatlin D.M., Neill W.H., Vega R.R., Gold J.R., 2007. Heritability of Cold Tolerance in Red Drum. *North Am. J. Aquacult.*, 69: 381–387.

McBryde G., 1994. Financial characteristics of a Red Drum aquaculture firm with winter nursery production. *Aquaculture*, 122: 107-118.

McGoogan B.B., Gatlin D.M., 1998. Metabolic requirements of Red Drum *Sciaenops ocellatus*, for protein and energy based on weight gain and body composition. *J. Nutrition*, 128: 123-129.

Mariojouls C., Fischer M., 2007a. Analyse économique comparée des filières de pisciculture marine dans les DOM-TOM (Martinique, Mayotte, Réunion). Tome 1. Le cas de la pisciculture marine en Martinique. Rapport AgroParisTech, convention ministère de l'Outre-mer, 36 p.

Mariojouls C., Fischer M., 2007b. Analyse économique comparée des filières de pisciculture marine dans les DOM-TOM (Martinique, Mayotte, Réunion). Tome 2. État des connaissances économiques et analyse comparée. Rapport AgroParisTech, onvention ministère de l'Outre-mer, 54 p.

Mariojouls C., Girard S., Fischer M., Dao J.-C., 2008. Is marine fish farming a way for economic development in the French overseas territories? In: *Achieving a sustainable future: managing fisheries, aquaculture, trade and development.* Proceedings of the XIVth Biennal Conference of the International Institute for Fisheries Economics and Trade (IIFET), Nha Trang, Viet-nam, July 22-25, 2008, 12 p.

Matlock G.C., 1987. The life history of Red Drum. In: *Manual on Red Drum Aquaculture.* Chamberlain G.W., Migot R.J. and Haby M.G. (eds). Texas Agricultural Extension Service and Sea Grant College Program, College Station, Texas : I 1-45.

Mercer L.P., 1984. A biological and fisheries profile of Red Drum, *Sciaenops ocellatus.* North Carolina Department of Natural Resources and Community Development. Special Scientific Report, 41.

Munday B.L., Kwang J., Moody N., 2002. *Betanodavirus* Infections in Teleost Fish : A Review. *J. Fish Diseases,* 25 : 127-142.

Murphy M.D., Taylor R.G., 1990. Reproduction, growth and mortality of Red Drum *Sciaenops ocellatus* in Florida waters. *Fish. Bull.,* 88 : 531-542.

Neill W.H., 1987. Environmental requirements of Red Drum. In: *Manual on Red Drum Aquaculture,* , G.W., Migot R.J. and Haby M.G. (eds). Texas Agricultural Extension Service and Sea Grant College Program, College Station, Texas : IV 1-9.

Neill W.H., 1994. Oxygen dynamics and fish growth in aquaculture. Fish Physiology Association, Vancouver, BC (Canada) : 336.

Ning Y., Liu X., Wang Z., Guo W., Li Y., Xie F., 2007. A genetic map of large Yellow Croaker *Pseudosciaena crocea. Aquaculture,* 264 : 16–26.

Nishizawa T., Furuhashi, T., Nagai T., Nakai T., Muroga K, 1997. Genomic classification of fish *Nodavirus* by molecular phylogenic analysis of the coat protein gene. *Appl. Env. Microbiol.,* 63 : 1633-1636.

NMFS. National Marine Fisheries Service : statistiques de pêche commerciales et récréatives aux États-Unis, [en ligne]: http://www.st.nmfs.noaa.gov/st1/index.html (consulté le 9 septembre 2010).

Oh M.J., Jung S.J., Kim S.R., Rajendran, K.V., Kim Y.J., Choi T.J., Kim H.R., Kim J.D., 2002. A fish *Nodavirus* associated with mass-mortality in hatchery-reared Red Drum, *Sciaenops ocellatus. Aquaculture,* 211 : 1-7.

O'Malley K.G., Abbey C.A., Ross K., Gold J.R., 2003. Microsatellite DNA markers for kinship analysis and genetic mapping in Red Drum, *Sciaenops ocellatus* (Sciaenidae, Teleostei). *Mol. Ecol. Notes,* 3:155–158.

Osborn H.R., Matlock G.C., Green A.W., 1982. Red Drum (*Sciaenops ocellatus*) movement in Texas bays. Contrib. *Mar. Sci.,* Univ. Texas, 25 : 85-97.

Overstreet R.M., 1983. Aspects of the biology of the Red Drum, *Sciaenops ocellatus,* in Mississippi. *Gulf Research Report* (Suppl. 1) : 45-68.

Parfouru D., Fauvel C., 1997. Développement ovocytaire chez l'ombrine, *Sciaenops ocellatus,* en conditions tropicales martiniquaises. *Proceedings of the Gulf and Caribbean Fisheries Institute,* 50 : 551-573.

Pearson J.-C., 1929. Natural history and conservation of redfish and other commercial sciaenids on the Texas coast. *Bull. U.S. Bur. Fish.,* 44 : 129-214.

Peng L.I., Gatlin D.M., 2009. Dietary vitamine E requirement of the Red Drum *Sciaenops ocellatus. Aquacult. Nutr.,* 15 : 313-319.

Petton B., Connan J.P., Ragot A., Falguière J.-C., 2006a. Improvements of larval performances in Red Drum *Sciaenops ocellatus* culture and transfer to an artisanal scale private hatchery in Martinique. In: Proceedings of the 59th Annual Meeting of Gulf and Caribbean Fisheries Institute, Belize City, Belize, 6-11 November 2006.

Petton B., Falguière J.-C., 2006b. Total replacement of Artemia with artificial microbound diets in larval culture of Red Drum *Sciaenops ocellatus* in Martinique. In: Proceedings of the 59th Annual Meeting of Gulf and Caribbean Fisheries Institute Belize City, Belize, 6-11 November 2006 : 367-372.

Petton B., 2006c. Amélioration de la phase précoce d'élevage de l'ombrine *Sciaenops ocellatus*. Mémoire d'ingénieur, Institut national Polytechnique, École nationale supérieure agronomique de Toulouse, 81 p.

Plumb J.A., 1991. Major diseases of Stripped-Bass and Redfish. *Vet. Hum. Toxicol.*, 33 (Suppl. 1): 34-39.

Quémener L., 2002. Le maigre commun (*Argyrosomus regius*). Biologie, pêche, marché et potentiel aquacole. Éditions Ifremer, collection Ressources de la mer, Plouzané, France: 31 p.

Ragot A., Parry O., 2010. Sevrage précoce de l'ombrine ocellée en condition de production à l'écloserie artisanale du Carbet (Martinique). Aquaculture durable en milieu insulaire et tropicale, 6-11 décembre 2010, Arue, Tahiti, Polynésie française.

Refsgaard H.H.F, Brockhoff P.B., Jensen B., 1998. Biological Variation of Lipid Constituents and Distribution of Tocopherols and Astaxanthin in Farmed Atlantic Salmon (*Salmo salar*). *J. Agricult. Food Chem.*, 46: 808-812.

Roberts D.E., Harpster B.V., Henderson G.E., 1978. Conditionning and Induced Spawning of the Red Drum (*Sciaenops ocellata*) under Varied Conditions of Photoperiod and Temperature. Proceedings of the 9th Annual Meeting of the World Marine Society: 311-332.

Robinson E.H., 1988. Nutritional Requirements of Red Drum: A Review. In: Arnold, Holt and Thomas (eds): *Red Drum Aquaculture*, Contrib. *Mar. Sci.*, Suppl. to vol. 30: 11-20.

Rodriguez J., Connan J.P., Dutto G., Petton B., Falguière J.-C., 2010. Dimorphisme de croissance et mise en évidence d'effets familiaux chez l'ombrine ocellée, *Sciaenops ocellatus*, en Martinique. Aquaculture durable en milieu insulaire et tropicale, 6-11 décembre 2010, Arue, Tahiti, Polynésie française.

Ross J.L., Stevens T.M., Vaughan D.S., 1995. Age, Growth, Mortality and Reproductive Biology of Red Drum in North Carolina Waters. *Trans. Am. Fish. Soc.*, 124: 37-54.

Saillant E., Cizdziel K., O'Malley K.G., Turner T.F., Pruett C.L., Gold J.R., 2004. Microsatellite markers for Red Drum, *Sciaenops ocellatus*. Gulf of Mexico Science, 101–107.

Saillant E., Ma L., Wang X., Gatlin III D.M., Gold J.R., 2007. Heritability of juvenile growth traits in Red Drum (*Sciaenops ocellatus* L.). *Aquacult. Res.*, 38: 781-788.

Saillant E., Ma L., Gatlin III D.M., Vega R.R., Gold J.R., 2008. Genetic effects on tolerance to acute cold stress in red drum, *Sciaenops ocellatus* L. *Aquacult. Res.,* 39: 1393-1398.

Saillant E., Renshaw M.A., Gatlin III D.M., Neill W.H., Vega R.R., Gold J.R., 2009. An Experimental Assessment of Genetic Tagging and Founder Representation in Hatchery-Reared Red Drum (*Sciaenops ocellatus*) Used in Stock Enhancement. *J. Appl. Ichthyol.*, 25: 108-113.

Sandifer P.A., Hopkins J.S., Stockes A.D., Smiley R.D., 1993. Experimental pond grow-out of Red Drum, *Sciaenops ocellatus*, in South Carolina. *Aquaculture*, 118: 217-228.

Sasaki K., 2000. Sciaenidae, Croakers and Drums, p. 621. In: J.E. Randall and K.K.P. Lim (eds). A checklist of the fishes of the South China Sea. *Raffles Bull. Zool.*, 8: 569-667.

Simmons E.G., Breuer J.P., 1962. A Study of Red Fish *Sciaenops ocellata* and Black Drum *Pogonias cromis*. Contrib. *Mar. Sci.*, Univ. Texas, 8: 184-211.

Smith M.E., Fuiman L.A., 2004. Behavioural Performance of Wild-Caught and Laboratory-Reared Red Drum, *Sciaenops ocellatus*, larvae. *J. Exper. Mar. Biol. Ecol.*, 302: 17-33.

Soletchnik E., Goyard E., Thouard E., 1990. Mise au point de l'élevage de l'ombrine *Sciaenops ocellata*. Ifremer, rapport interne DRV: 90-45.

Stahl C.J., Gatlin D.M., Neill W.H., 1997. The Effect of Dissolved Oxygen on the Growth Performance of Juvenile Red Drum, *Sciaenops ocellatus*. World Aquaculture '97, Seattle, book of abstracts.

Stunz G.W., Minello T.J., 2001. Habitat-Related Predation on Juvenile Wild-Caught and Hatchery-Reared Red Drum *Sciaenops ocellatus*. *J. Exper. Mar. Biol. Ecol.*, 260: 13-25.

Sturmer L.N., 1987. Zooplankton Composition and Dynamics in Fingerling Red Drum Rearing Ponds. In: *Manual on Red Drum Aquaculture*. Chamberlain G.W., Migot R.J. and Haby M.G. (eds). Texas Agricultural Extension Service and Sea Grant College Program, College Station, Texas: III 54-74.

Thacker S.G., Griffin W.L., 1994. Indoor Intensive Red Drum Aquaculture: A Stochastic Sensitivity Analysis. *J. World Aquacult. Soc.*, 25 (1): 86-100.

Thomas P., Boyd N., 1988. Induced Spawning of Spotted Sea-Trout, Red Drum and Orangemouth Corvina (family Sciaenidae) with Luteinizing Hormone-Releasing Hormon Analog Injection. In: Arnold, Holt and Thomas (eds): *Red Drum Aquaculture*, Contr. *Mar. Sci.*, Suppl. to vol. 30: 43-47.

Thomas R.G., Wolters W.R., 1992. Factors Affecting the Survival of Fingerling Red Drum in Freshwater Ponds. *The Progressive Fish Culturist*, 54: 215-219.

Thomas P., Arnold C.R., Holt G.J., 1995. Red Drum and Other Sciaenids. In: *Broodstock Management and Egg and Laral Quality*. Oxford, Blackwell Science, 118-137.

Torres J.J., Brightman R.I., Donnelly J., Harvey J., 1996. Energetics of Larval Red Drum, *Sciaenops ocellatus*. Part I: Oxygen Consumption, Specific Dynamic Action, and Nitrogen Excretion. *Fishery Bull.*, 94: 756-765.

Treece, G., 2008. The Texas aquaculture industry. Aquaculture magazine, (May-June 2008): 33-36.

Turner T.F., Richardson L.R., Gold J.R., 1998. Polymorphic Microsatellite DNA Markers in Red Drum (*Sciaenops ocellatus*). *Mol. Ecol.*, 7: 1771-1773.

Usache V., Villanove P., Dao J.-C., 2002. Gestion des géniteurs d'ombrine subtropicale, *Sciaenops ocellatus*. Ifremer, rapport interne DRV, 93p.

Vianas V., Falguière J.-C., 2008. Rapport d'expertise sur la pathologie observée sur les juvéniles d'ombrine ocellée à l'écloserie Nord Caraïbes (Martinique). Ifremer Martinique, 8 p.

Villareal B.W., Rosenblum P.M., Fires L.T., 1994. Fatty Acid Profiles in Red Drum Muscle : Comparison Between Wild and Cultured Fish. *Trans. Am. Fish. Soc.*, 123 (2) : 194-203.

Wayman W.R., Tiersch T.R., Thomas R.G., 1998. Refrigerated Storage and Cryopreservation of Sperm of Red Drum, *Sciaenops ocellatus. Aquaculture Res.*, 29 : 267-273.

Weng S.P., Wang Y.Q., He J.G., Deng M., Lu L., Guan H.J., Liu Y.J., Chan S.M., 2002. Outbreaks of an *Irirdovirus* in Red Drum, *Sciaenops ocellatus*, Cultured in Southern China. *J. Fish Diseases*, 25 : 681-685.

Wenner C., 1992. Red Drum, Natural History and Fishing Techniques in South Carolina. Educational Report. South Carolina Marine Resources Centre : 17.

Williams C.D., Robinson E.H., 1988. Response of Red Drum to Various Dietary Levels of Menhaden Oil. *Aquaculture*, 70 : 107-120.

Wilson K., 2001. Don't Stone the House Crowd (More on Alien Invaders), [en ligne] http://www.hku.hk/ecology/porcupine/por24/24-feedback.htm (consulté le 25 juin 2011).

Yeh S.P., Yang T. , Chu T.W., 1998. Marine Fish Seed Industry in Taiwan. In http://www.aquafind.com.

Yokel B.J., 1966. Contributions on the Biology and Distribution of Red Drum, *Sciaenops ocellata*. Master's Thesis, University of Miami, 160 p.

Xu J.H., You F., Yan B.-L., Zhang P.J., 2007. Effects of Ultra-Violet Irradiation on Sperm Motility and Diploid Gynogenesis Induction in Large Yellow Croaker (*Pseudosciaena crocea*) Undergoing Cold Shock. *Aquacult. Int.*, 15 : 371–382.

Zambonino Infante J.L., Cahu C.L., 1999. High Dietary Lipid Levels Enhance Digestive Tract Maturation and Improve *Dicentrarchus labrax* Larval Development. *J. Nutr.*, 129 : 1195–1200.

Glossaire

ABVT (azote basique volatil total). Permet d'évaluer le degré d'altération d'un produit non transformé.

AGPI (acides gras polyinsaturés). Lipides jouant un rôle essentiel chez l'homme. Parmi eux, les Oméga-3, acide alpha-linolénique (ALA), acide eicosapentaenoïque (EPA) et acide docosahexaenoïque (DHA) sont présents dans la chair des poissons et ont un effet protecteur sur les artères.

Allèles. Différentes versions d'un même gène.

Biopsie. Prélèvement d'un fragment de tissu ou d'organe (biopsie ovarienne).

Caryotype. Ensemble des chromosomes d'une cellule.

Empreinte génétique (profil génétique). Résultat d'une analyse génétique, rendant possible l'identification d'une personne à partir de tissu.

Euryhalin. Qui peut supporter des grandes différences de salinité.

Gynogenèse. Processus de développement d'ovules sans contribution génétique paternelle. L'individu diploïde est obtenu grâce à la fécondation d'un ovule par un spermatozoïde dont le contenu chromosomique a été détruit. Un choc est ensuite appliqué peu après la fécondation pour restaurer le caractère diploïde de l'embryon.

HCG (Human Chorionic Gonadotropine). Hormone gonadotrophine chorionique.

Héritabilité. Probabilité qu'une caractéristique d'un individu soit transmise par voie génétique.

Hyalinisation. Aspect caractéristique qualifiant la transparence que peuvent prendre certains composants de l'organisme.

Hybridation. Croisement d'individus de deux espèces (interspécifique) ou genres (intergénérique) différents.

IC (indice de conversion). Quantité d'aliment nécessaire pour produire un kilogramme de poisson.

LHRH (Luteinising Hormon Releasing Hormon). Hormone de libération de la lutéinostimuline.

Locus. Emplacement physique précis et invariable sur un chromosome.

Microsatellite. Courte séquence d'ADN caractérisée par la répétition d'un motif de dinucléotides ou de trinucléotides.

Multiplexe. Le multiplexage est une technique qui consiste à faire passer plusieurs informations sur un seul et même support. Dans le cas présent, un multiplexe est un ensemble de marqueurs microsatellites qui sont lisibles sur un même gel.

Otholimétrie. Discipline qui permet de donner un âge à un poisson en examinant les stries liées à des ralentissements de croissance, présentes sur l'otholithe (petite structure calcaire dans la tête).

Oviposition. Action de libération des ovules dans le milieu extérieur.

Ovocyte. Gamète femelle qui n'a pas atteint sa maturité.

Ovulation. Libération de l'ovocyte de sa couche de cellules folliculaires nutritives qui l'entourent.

PCR (Polymerase Chain Reaction). Réaction en chaîne par polymérase. Méthode de biologie moléculaire d'amplification de l'ADN *in vitro.*

RGS (rapport gonado-somatique). Pourcentage du poids des gonades par rapport au poids du poisson.

RHS (rapport hépato-somatique). Pourcentage du poids du foie par rapport au poids du poisson.

Rigor mortis. Raideur cadavérique. Immédiatement après la mort, les muscles sont mous et relâchés avant de se raidir à cause de modifications intra-tissulaire.

RT-PCR (Reverse Transcriptase Polymerase Chain Reaction). Il s'agit d'une réaction en chaîne par polymérase (PCR) après transcription inverse d'un acide ribonucléique (ARN) en ADN complémentaire (ADNc). Méthode la plus sensible pour détecter (et éventuellement quantifier), les ARN messagers au niveau d'un organe, d'un tissu ou d'une cellule.

Stripping. Action qui consiste à presser les flancs du poisson pour en faire sortir les gamètes (semence ou ponte).

Surmaturation. Dégradation de l'ovule s'il n'est pas fécondé. Se manifeste par une modification de sa forme et une dégénérescence de son contenu qui provoque son brunissement.

TCJ (taux de croissance journalier). Pourcentage d'accroissement du poids chaque jour.

TGP (taux de graisse périviscéral). Pourcentage que représente le poids de graisse présent dans la cavité abdominale par rapport au poids du poisson.

TMA (triméthylamine). Le rapport TMA/ABVT permet d'estimer l'état d'altération d'un poisson.

Triploïde. Se dit des cellules ou des organismes qui comportent trois jeux de chromosomes au lieu de deux (diploïdes) dans le cas général.

UTH (unité de travail humain). Correspond à un temps plein.

Vitellogenèse. Mobilisation de réserves lipidiques à l'intérieur de l'ovocyte.

Sigles & acronymes

ADAM	Association pour le développement de l'aquaculture en Martinique
Adépam	Association pour le développement de la production aquacole martiniquaise
Aquamay	Association pour le développement de l'aquaculture à Mayotte
ARDA	Association réunionnaise pour le développement de l'aquaculture
ASMFC	Atlantic States Marine Fisheries Commission
Cnexo	Centre national pour l'exploitation des océans
CNPMEM	Comité national des pêches maritimes et des élevages marins
DGCCRF	Direction générale de la concurrence, de la consommation et de la répression des fraudes
DOM-TOM	Départements et territoires d'outre-mer
FAO	Food and Agriculture Organization
FFI	Fish Farming International
GMS	Grandes et moyennes surfaces
ICPE	Installation classée pour la protection de l'environnement
ISFMP	Interstate Fisheries Management Program
Ifremer	Institut français de recherche pour l'exploitation de la mer
ISTPM	Institut scientifique et technique des pêches maritimes
NMFS	National Marine Fisheries Service
NOAA	National Oceanic and Atmospheric Administration
PARM	Pôle agroalimentaire régional de Martinique
SAFMC	South Atlantic Fisheries Management Council
Sypagua	Syndicat des producteurs aquacoles de Guadeloupe
Sysaaf	Syndicat des sélectionneurs avicoles et aquacoles français
TPWD	Texas Parks and Wildlife Department
UAG	Université Antilles-Guyane

Structures de développement de l'UAOM
impliquées dans l'élevage de l'ombrine ocellée en outre-mer

Adépam
SCI Les Hauts de Californie, Bâtiment C, local C7
97232 Le Lamentin – Martinique
Tél./Fax : 05 96 64 90 45
adepam_mq@hotmail.com

Aquamay
BP 371, Kawéni
97600 Mamoudzou – Mayotte
Tél. : 0269 60 40 39 / Fax : 02 69 61 33 41
aquamay@aquamay.org

ARDA
Magasin 10, Port Ouest
97420 Le Port – Réunion
Tél. : 02 62 43 66 10 / Fax : 02 62 55 60 10
bosc.arda@wanadoo.fr

Sypagua
c/o Parc aquacole, Les Plaines
97116 Pointe Noire – Guadeloupe
Tél. : 05 90 98 11 83
sypagua@orange.fr

Collection Ifremer *Ressources de la mer*

Les mulets des mers d'Europe
Synthèse des connaissances sur les bases biologiques et les techniques d'aquaculture
Dominique Gautier, Jérôme Hussenot
2003, 120 p.

Le saint-pierre (*Zeus faber*)
Biologie, pêche, marché et potentiel aquacole
Marie-Hélène Omnes
2003, 40 p.

La morue (*Gadus morhua*)
Biologie, pêche, marché et potentiel aquacole
Marie-Hélène Omnes
2002, 56 p.

Le cernier (*Polyprion americanus*)
Biologie, pêche, marché et potentiel aquacole
Marc Suquet, Charles de La Pomelie
2002, 32 p.

Le maigre commun (*Argyrosomus regius*)
Biologie, pêche, marché et potentiel aquacole
Loïc Quéméner
2002, 32 p.

Les rougets barbets (*Mullus barbatus, Mullus surmuletus*)
Biologie, pêche, marché et potentiel aquacole
Marc Suquet, Jeannine Person-Le Ruyet
2001, 48 p.

Le lieu jaune (*Pollachius pollachius*)
Biologie, pêche, marché et potentiel aquacole
Marc Suquet
2001, 36 p.

Éditions Quæ
RD 10
78 026 Versailles Cedex, France

Édition et coordination éditoriale

Nelly Courtay

Figures et tableaux

Jean-Claude Falguière, sauf mentions spéciales

Couverture, infographie et mise en pages

Clarisse Robert | PAGISSIME | contact@pagissime.fr

Dépôt légal : novembre 2011
IMPRIMÉ EN FRANCE

Achevé d'imprimer le 21 novembre 2011
sur les presses de l'imprimerie « La Source d'Or »
63039 Clermont-Ferrand
Imprimeur n° 15505

PEFC/10-31-2008

Dans le cadre de sa politique de développement durable,
La Source d'Or a été référencée IMPRIM'VERT®
par son organisme consulaire de tutelle.
Cet ouvrage est imprimé - pour l'intérieur -
sur papier couché « Galaxi KeramikGraphic » 115 g,
provenant de la gestion durable des forêts, des papeteries Sappi.